融合新闻传播实务丛书

数字视频拍摄与编辑

汪明香　张雪燕　郑雨雯　编著

Journalism
and
Communication

WUHAN UNIVERSITY PRESS
武汉大学出版社

图书在版编目(CIP)数据

数字视频拍摄与编辑/汪明香,张雪燕,郑雨雯编著.—武汉:武汉大学出版社,2020.12(2022.7重印)
融合新闻传播实务丛书
ISBN 978-7-307-21850-5

Ⅰ.数⋯ Ⅱ.①汪⋯ ②张⋯ ③郑⋯ Ⅲ.视频制作 Ⅳ.TN948.4

中国版本图书馆 CIP 数据核字(2020)第 194782 号

责任编辑:宋丽娜   责任校对:汪欣怡   版式设计:马 佳

出版发行:**武汉大学出版社** (430072 武昌 珞珈山)
(电子邮箱:cbs22@whu.edu.cn 网址:www.wdp.com.cn)
印刷:湖北金海印务有限公司
开本:720×1000 1/16 印张:13.75 字数:277 千字 插页:1
版次:2020 年 12 月第 1 版 2022 年 7 月第 3 次印刷
ISBN 978-7-307-21850-5 定价:49.00 元

前言：视频传播时代

　　20世纪存在主义哲学的创始人马丁·海德格尔曾在《世界图像的时代》一书中表示："世界图像并不是指一幅关于世界的图像，而是指世界被把握为图像了。"随着数字技术、互联网技术、信息技术的发展，世界被进一步视觉化，"变成了福柯意义上的'全景敞视式的政体'，全景式的凝视成为了一种强有力的视觉实践模式，把主体一一地捕捉在它的网之中"①。

　　视觉化传播经历了从图片到电影、到电视、再到视频的历程，当然，文字的传播带来的变革与社会进步更加伟大。"数字视频拍摄与编辑"作为一门课程或者一个知识体系，是从"电视摄像与编辑"发展而来的，只是在媒体融合的浪潮之下，媒体的实体意义被削弱了，信息传播被集合到网络空间，以图文、动画、视频、音频为主的媒介方式与人们的互动变得更加亲密和频繁，报纸、广播、电视、网站等传统媒体形态渐渐淡化了。视频制作不仅成为专业媒体和机构、企事业单位、高校新闻传播学院的学生的必备技能，而且蔓延到普通大众领域，视频成为最流行的传播方式。随着5G时代的到来，移动互联网进一步向高速率、高容量、低时延、低能耗迈进，社会话语表达呈现出视频化、视觉化的交流方式，这是革命性的改变。

　　应该在本书的书名后面加上"基础"二字，表示本书的知识和技能适合新手或者刚刚进入新闻传播类专业的学生，比如，高校相关专业的"视频拍摄与编辑"课程一般在大学一年级就开始了，这样可以为后续课程(比如电视新闻、影视广告、纪录片创作等)奠定基础。这里所说的基础并没有小看本书和读者的意思，而是强调这本书的内容主要是为了让我们掌握视频制作所必需的知识和技能。万丈高楼平地起，本书的内容安排也遵循了循序渐进的原则。全书分为三篇：基础、进阶和创作。基础篇包括第一章"数字视频技术"、第二章"视频拍摄基础"、第三章"视频编辑基础"，讲述了数字视频技术中的一些关键术语、非线性编辑的原理和流程、影像构图与拍摄的美学体系、影片结构的蒙太奇与长镜头理论、镜头组接和拉片的基本方法等；进阶篇包括第四章"视频拍摄技巧"和第五章"视频特效"，主要讲述场面调度、对话拍摄、景深控制、分镜头创作、影视特效、非线性编辑视频效果制作

等知识和技能；创作篇主要包括第六章"微电影创作"，主要通过对微电影创作流程的讲述，为真正进入微电影创作阶段提供指导，最后，作者以短视频的发展及视频传播的未来展望作为结尾。

本书按照"理论—案例—实训"的内在逻辑编写，视频制作是实践性很强的专业领域，本书的理论知识都是从可以操作的角度进行架构和行文，辅助以案例、图片和操作演示，使知识转化成技能，每一章后面还附带了实训操作的建议，可以巩固书中所讲的知识和技能，也可以供以"项目教学、成果驱动"的实践教学参考。

本书最大的创新之处应该是对传统的"摄像"与"编辑"体系的全新融合。长期以来，大多数学校的相关专业都是分别开设"电视摄像"和"非线性编辑"两门课程，我们认为"摄像"与"编辑"不能两张皮，也不是先后关系，而是你中有我，我中有你，甚至编辑思维与整体观念更为重要，带着编辑思维拍镜头，可以提高分镜头的编辑效率；用镜头语言和审美思维编辑影片，可以提高视频的整体质量。

感谢张雪燕和郑雨雯两位年轻老师，她们分别撰写了第一章第四节、第三章第三节、第六章第五节的初稿；几位朋友拍摄的图片在征得同意之后被运用到书中，学生的作品也成为案例素材或者促进了我的思考，感谢他们的创作。此外，因教学需要，本书选取了部分网络或影视作品中的图片，用于教学分析，这使得本书的视觉元素更加丰富，我想读者是期待如此的。由于本人水平有限，本书疏漏和错误之处在所难免，恳请读者不吝赐教。

目 录

上篇 基 础

中篇　进　阶

下篇　创　作

上篇

基础

第一章 数字视频技术

第一节 数字视频与视频的数字化

《数字化生存》一书的作者尼葛洛庞帝说："计算不再只是和计算机相关，它决定了我们的生存。"①按照他的解释，以计算为基础的数字技术、网络技术、信息技术共同构建了人们的生存空间，使人们的社会生活呈现出新的面貌。著名导演詹姆斯·卡梅隆也曾表示："视觉娱乐影像制作的艺术和技术正在发生着一场革命。这场革命给我们制作电影和其他视觉媒体节目的方式带来了如此深刻的变化，以致于我们只能用出现了一场数字化文艺复兴运动来描述它。"②

一、什么是数字视频

在我们的日常表达中，视频一词的涵盖范围很广，包括当今所有的电子动态图像，比如我们常说的电视节目、纪录片、电影、手机视频、网络视频等。从专业角度讲，视频，也就是 Video，是利用人的视觉暂留原理，将一系列静态影像连续播放而成的视觉效果。严格来讲，视频是每秒连续播放 24 帧以上的连续画面，包括这些画面的静态影像以电信号方式加以捕捉、记录、处理、储存、传送与重现的各种技术。虽然电影本义是利用照相术捕捉动态影像，但是随着数字技术的普及，视频技术的概念也泛化了，而且，视频和音频也是不可分割的，我们在谈视频制作的时候，音频也包含其中。

现在已经是数字视频的时代，几乎所有的视频制作都是通过数字化设备完成的，我们也比较熟悉这样的理念，那就是数字视频几乎等同于高清视频。虽然不是绝对的，但是在很大程度上可以这么说，得益于数字化技术，我们的视频制作变得更高效了，质量也变得更高了。

---

① ［美］尼古拉·尼葛洛庞帝：《数字化生存》，胡泳、范海燕译，海南出版社 1997 年版，第 15 页。

② ［美］托马斯·A. 奥汉年、迈克尔·E. 菲利浦斯：《数字化电影制片》，施正宁译，中国电影出版社 1998 年版，第 19 页。

那么，到底什么是数字视频？

数字视频的发展实际上与计算机所能处理的信息类型密切相关，早期的计算机只能处理数值，后来能够处理文字、符号等，再后来就能处理图形、图像等，现在无疑已经是多媒体计算机时代了，各种计算机外设产品日益齐备，数字影像设备争奇斗艳，视音频处理硬件与软件技术高度发达，这些都为数字视频的流行起到了推动作用。

"数字"通常代表着用来表示"开/关"状态的二进制系统，把视音频信号用0、1来表示，就是数字信号，它是相对于模拟信号来说的。模拟信号和数字信号，如图1-1、图1-2所示。

图 1-1　模拟信号

图 1-2　数字信号

模拟信号是对原始刺激做出的电子记录，比如某人对着麦克风唱歌的过程可以通过技术化的语言表达，那就是完全模仿原始刺激的波动，而且这些波动的幅度和相位都是随时间连续变化的信号，也就是说，模拟信号不会故意忽略信号的某些部分。模拟的视频信号必须经过特定的视频捕捉卡将其转换成数字模式，并加以压缩后才可以转换到计算机上运用。

数字视频信号，即视频、音频信号的幅度和相位都是离散的数据，不需要转换就可以被计算机直接处理。数字化的过程就是在模拟信号上等间隔地进行采样，这些样本随后经过数字化转换，也就是被赋予具体的数值，并被编码成二进制中的1和0。

二、视频为什么要数字化

数字化通常包括采样、量化、压缩三个环节。其中，采样和压缩技术对视频信号的质量有重要影响。采样率的高低代表着选取样本的间隔是小还是大，高采样率表示间隔很小，这样会带来更好的信号。压缩分为无损压缩和有损压缩两种。无损压缩的好处就是可以完全保持原始视频或者音频信号包含的所有信息，但是缺点在于压缩后的数据很大，对于那些喜欢以流媒体方式不间断地听音乐，或者流畅地观看视频节目的人来说，这种压缩方式就太笨拙了，因为需要等很长的时间。有损压缩就正好相反，文件会变小，传输时间也会变快，当然画质和音质也会有所下降。

理论上来讲，视频信号质量与它的容量和速度好像鱼和熊掌，不可兼得，但是实际上，我们的技术人员总是在不断努力去寻找其中的平衡。视频压缩和解压缩的格式，也就是编码方式，有很多种，它们可以用来满足不同的压缩目的，有些有损压缩也能提供高清视频，看起来画面的色度和对比度依然是很完美的。比如我们比较熟悉的 MPEG 格式，它在压缩时忽略的是那些在视频系列影像中没有变化的图像细节。

举个例子，如图 1-3 所示，这个镜头表现了足球在草地上滚动的过程，视频压缩中不会用不同的数据来重复表现相同的绿草，而是用大量的数据描绘滚动的足球，因为表示绿草的数据可以重复使用。关于数字视频的格式，我们后面会专门介绍，因为这个问题非常重要。

图 1-3　草坪上滚动的足球

视频数字化的过程比较抽象，我们可以打个比方：将原始的视频信号比作一根水管，弯弯曲曲的很像模拟信号的波形图，如果我们要把这根水管用卡车运到别的地方去，运输的要求是不能破坏水管原来弯曲的形状，这个过程就好比信号的存储和传输。一种方法是整体装箱，在运输的过程中得极其小心，因为磕磕碰碰会使水管原来的形状遭到破坏，这样不仅需要极大的卡车，而且难度很大，就相当于模拟信号的传输。其实，更好的做法是把水管切分为小段，每段编上号码，再进行运输，到达目的地后再根据编码组装。那么，最优化的切分和编码方法是什么呢？应该是将同样曲度的水管进行编码，舍弃一些同样编码的水管，这样运输变得很简单，后期我们只要根据编码再复制出那些缺失的水管就行了，而且因为编码的数值是非常精确的，因此可以保证水管的曲度不会改变，这就相当于视频信号的采样和编码过程。

　　数字信号比模拟信号更便于处理和传输，可以长期保存、多次复制，抗干扰和噪音能力强，尤其是在远距离传输中，不会产生模拟电路中不可避免的信噪比劣化、失真度劣化等损害，所以，数字化的优势是很明显的。

三、数字视频格式

(一) 视频格式相关概念

　　视频数字化的过程主要是采样、量化和压缩，这个过程的千差万别就产生了不同的视频格式，数字视频制作过程中离不开对视频格式的处理。不同设备拍摄的视频有不同的格式，视频编辑完成后，根据不同的需要也可以选择不同的格式进行输出。视频格式是一个比较复杂的系统，首先让我们了解以下几个关键概念。

　　1. 封装格式

　　封装格式就是将已经编码压缩好的视频和音频放到一个文件中，这个文件的后缀就是封装格式，实际上，我们常常用封装格式来代表视频格式。比如，我们比较熟悉的视频封装格式有 AVI，这是微软在 20 世纪 90 年代初创立的封装标准；还有 FLV，这是针对 H.263 编码的格式；还有 MKV，这是一个万能封装器，有良好的兼容性和跨平台性；还有 MOV，这是 Quicktime 的封装格式；另外就是我们非常熟悉的 MP4，主要应用于 mpeg4 和 H.264 编码的封装。还有 RM、RMVB、WMV 等格式。封装格式本身是不影响视频画质的，它像一个容器，只负责把内部的视频轨和音频轨集成在一起，只起到一个文件夹或者压缩包的作用。

　　2. 编码方式

　　编码方式就是视频在压缩或者解压过程中采用的一种算法，它直接关系视频的质量。比如 MPEG-1/2/3/4 以及我们最常用的 H.264，就是一种编码方式。其实，视频封装格式和编码方式就好比酒瓶跟酒的关系、饺子皮和饺子馅儿的关系，真正决定品质的是酒和饺子馅儿。比如，H.264 就是一种编码方式，它的数据压缩率比 MPEG-4 编码还要高 1.5～2 倍，这种编码方式指定使用的标准封装格式也是 mp4。

　　3. 码率

　　视频码率就是数据传输时单位时间传送的数据位数，一般我们用的单位是 kbps，即千位/秒。通俗一点的理解就是取样率，单位时间内取样率越大，精度就越高，处理的文件就越接近原始文件，但是文件体积与码率是成正比的，同时，高码率的视频在网上观看更容易卡顿，也就是缓冲。所以，码率的高低不是绝对的，几乎所有的编码格式重视的都是如何用最低的码率达到最少的失真。

4. 分辨率

分辨率是用于度量图像内数据量多少的一个参数，我们习惯上说的分辨率是指图像的高、宽像素值，严格意义上的分辨率是指单位长度内的有效像素值 ppi，即每英寸所拥有的像素数量。图像的高、宽像素值的确和尺寸没有关系，但单位长度内的有效像素值就和尺寸有关了。在图像的高、宽像素值一定的情况下，图像窗口越大，画面越模糊，这是为什么呢？因为图像尺寸越大，有效像素 ppi 值下降了，也就是图像在放大时有效像素间的距离拉大了，所以画面就变得没有原来清晰了。

我们常见的分辨率有标清的 720×576，高、宽比是 4∶3，高清的 1920×1280，画幅是 16∶9，现在，4K、6K、8K 分辨率已经成为未来视频质量的趋势，4K 分辨率可以达到 4096×2160 的超精细画面。

分辨率的这些数值代表什么意义，又是如何计算的呢？我们知道，在数字技术领域，通常采用二进制运算，而且用构成图像的像素来描述数字图像的大小。由于构成数字图像的像素数量巨大，通常以 K（表示"千"）来表示。$2^{10}=1024$，因此，1K 就是 $2^{10}=1024$，2K 就是 $2^{11}=2048$，4K 就是 $2^{12}=4096$，依此类推。在数字电影应用中，通常 2K 图像是由 2048×1152 个像素构成的，是 221 万像素的画面；在 4K 影院里，能看到 885 万像素的高清晰画面。我们的高清电视的分辨率是 1920×1080，像素约为 207 万。

5. 帧速率

人眼在观看多张快速显示的静止图像时会出现拖影，并自动连结为活动影像，这种现象叫作视觉暂留，这也是我们能够看见视频的原因。视频中每一张静止图像被称为一帧，帧速率就是这一系列单图在屏幕上显示的速度，也可以简单地理解为每秒显示多少张图像。那么帧速率该如何选择呢？实际上，当帧速率达到 12 帧/秒以上的时候，人眼在观看时就已经非常流畅了，帧速率高低对视频的影响取决于我们在播放时使用了多少帧速率。简单来说，如果你想要模拟电影效果，就选帧速率 24 帧/秒；如果是在国内广电平台播出，则选帧速率 25 帧/秒，网络视频的帧速率一般为 30 帧/秒。

6. 扫描方式

扫描方式关系到视频显示器成像的原理，这里我们就不去深究了。我们在用单反相机、摄像机拍摄时，或者用非编软件剪辑时，会看到一些关于视频格式的选项，常见的几种选项有高清 720P，也就是 1280×720 的分辨率，且是逐行扫描；全高清 1080i 和 1080P，也就是 1920×1080 的分辨率，其中"P"是指逐行扫描、"i"是指隔行扫描，一般来说，逐行扫描质量比隔行扫描质量好，因为隔行扫描相当于把一帧画面分为两个扫描场，第一次只扫描奇数行，完成后再从头开始扫描偶数行，就像我们读书时，不是逐行阅览的。

7. 视频制式

视频制式来源于电视系统，与各地区的电网频率有关，一般有 PAL 和 NTSC 两种制式可选。PAL 制式是欧洲等国家的视频标准，他们将 25 帧/秒作为广电标准帧。我国的广电标准也是 PAL 制式。NTSC 制式是美国、日本等国家的视频标准，黑白电视信号将 30 帧/秒作为广电标准帧，但是由于彩色电视信号颜色失真等问题，帧速率微调 29.97 帧/秒，数字电视和数字视频也是沿用这个标准，也就是我们在非线性编辑软件中看到的帧速率标准。实际上，我们在制作视频时，真正需要在意的不是这些标准，而是需要保持视频制作中帧速率的一致性，否则会影像播放的流畅度。

(二) 视频格式的转换和生成

视频格式是可以进行转换的，一些专业的格式转换软件可以完成这一工作，一般视频播放软件也具备格式转换功能。比如，有一个视频文件的格式是 MOV，这种格式有些非线性编辑软件不能直接读取，可以安装 Quicktime 播放器，也可以将视频转换成可支持的格式。打开格式工厂，在视频格式里面选择要转换成的 MP4 格式，这时，为了使视频质量在转换的过程中不会降低，当然也不会升高，我们需要对输出配置进行一些设置，比如分辨率、帧速率、画幅比例等，如图 1-4、图1-5 所示。

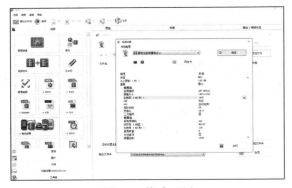

图 1-4　格式工厂

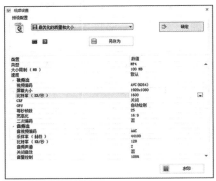

图 1-5　格式工厂视频格式设置

导入非线性编辑系统的视频，通过查看属性，就可以看到该视频的封装格式；视频编辑完成后，导出时需要对视频格式进行选择。比如，我们选择的 H264 编码，它的格式是 MP4，从图 1-6 的参数我们看到输出的视频文件的分辨率是 1920×1080，帧速率是 30fps，逐行扫描，码率是 10Mbps，还有音频的参数。

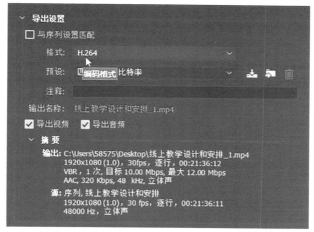

图 1-6 非线性编辑软件中视频格式的设置

第二节 数字摄像机

一、摄像机的分类

数字视频生产的第一步就是用摄像机之类的视频捕捉设备，将外界影像的颜色和亮度信息转变为电信号，再记录到储存介质，如磁带、光盘、磁卡中。下面，我们就来了解一下摄像机和其他一些摄像设备。

按照不同的分类标准，可以将摄像机分为很多类型。按照感光元件不同，可以将摄像机分为摄像管摄像机和 CCD 或 CMOS 摄像机，CCD 和 CMOS 都是感光元件，它们各有利弊，一般的摄像机都是采用 CCD 感光元件，很多手机摄像头采用的是 CMOS 感光元件。感光元件的尺寸、数量和材质对摄像的画面质量有很大影响。按照使用渠道不同，可以将摄像机分为家用摄像机、专业级摄像机和广播级摄像机。按照清晰度的不同，可以将摄像机分为标清摄像机、高清摄像机、超高清摄像机等。按照使用方式的不同，可以将摄像机分为肩扛摄像机、手持便携式摄像机、电子新闻采集或者电子现场拍摄摄像机、演播室摄像机等。按照信号处理方式不同，摄像机可以分为模拟摄像机和数字摄像机。同时，更经济适用的单反相机和手机也成为个人、专业组织甚至广播电视系统广泛采用的摄像设备。

二、数字摄像设备

从性价比和普及性来看，现在常用的数字摄像设备包括便携式数字摄像机、单反相机和手机。

(一) 便携式数字摄像机

首先来看看便携式数字摄像机，如图 1-7 所示。这种摄像机比较轻便，可以肩扛，也可以手持，现在的高清便携式摄像机一般配有 3CCD 成像装置，可以得到更精准的色彩还原和更清晰的画面，这类摄像机录制的画幅比例为 16∶9，可以拍摄高清视频，同时，这类摄像机通常还有高速录像系统，并有高容量闪存的存储磁卡。但是，大多数小型便携式摄像机的镜头都是内置且不可更换的变焦镜头，镜头元件的好坏和变焦范围的大小很大程度上决定了摄像机的性能。

事实上，我们没有必要为了手中的设备而纠结，因为拍摄好视频的基础更多的在于你选择拍摄什么、如何将它们拍下来，不论是纪录片还是微电影，甚至是影视广告，很多设备都基本能满足画质要求，毕竟决定影片质量的是你的创意和美学风格，而不是高端的设备，这个大家都知道，但是还是有必要再重申一遍。因此，我们接下来介绍一下我们使用起来更为方便的单反相机和手机，在视频制作比较普及的传播环境中，很多视频都是用它们拍摄的。

图 1-7　索尼 4K 数字摄录一体机

(二) 单反相机

单反相机就是单镜头反光相机，它设计精密，功能齐全，自动化程度高，并且操作简便，便于携带，受到专业摄影工作者和摄影爱好者的广泛喜爱，也是许多专业机构与个人制作视频作品的主要摄像设备之一。常见的单反相机，如图 1-8 所示。

使用过单反相机的人都认为它最大的优点是拍摄的作品画质好，而且可以变化多种风格。确实如此，在关系数码相机摄影质量的感光元件的面积上，前面讲过 CCD 或 CMOS，单反数码相机感光元件的面积远远大于普通数码相机，这使得单反数码相机的每个像素点的感光面积也远远大于普通数码相机，因此，每个像素点也就能表现出更加细致的亮度和色彩范围，画质自然就提高了。单反数码相机还有一

图1-8　佳能单反相机

个很大的优点，就是可以变换不同规格的镜头，另外，单反相机的快门响应速度更快，这样更有利于动态抓拍和高速连拍。

不过，单反相机也有一些缺点，比如，反光镜弹起来的一瞬间还会出现机械振动和噪音，快门启动的时间比较长，取景屏较小容易造成聚焦失误，特别是在光线较暗的情况下，但是有时候噪点也是难以避免的。单反相机拍摄视频也很方便，拍摄的作品画质好，但是缺陷也很明显，拍摄时变焦、对焦都不如专业高清摄像机那么方便，因为单反相机没有变焦滑杆，只能依靠手动转动变焦环来变焦，这样很难匀速，所以，单反相机尽量不要拍摄推拉镜头。另外，长时间拍摄视频对单反相机的损耗也比较大。这就需要我们在使用时尽量扬长避短。

（三）手机

视频拍摄设备的性价比之王应该是手机，近年来，手机摄影发展迅速。手机不仅便携性高，还可以即刻编辑、随时分享。更重要的是，手机的成像质量近年来得到了飞速提升，除了高像素之外，手机摄像头拍摄静态图像和短片切换方便，镜头可旋转，还有自动白平衡、内置闪光灯等功能。很多手机在视频拍摄模式下可以自动聚焦，要拍摄背景虚化的画面也可以轻松搞定，还可以选择闪光灯、大光圈，以及不同的颜色模式：标准、鲜艳、柔和。另外，它还设置了一些风格模式，比如延时摄影；滤镜中还设有多种不同风格，比如"硬像"滤镜的画面足以让我们看到"硬像"滤镜的实力，尤其是古建筑在用"硬像"滤镜拍摄后，建筑的历史厚重感被加强了，沧桑感变得更充实，我们不仅可以体会到背后的故事，还能感受到浓浓的艺术韵味。所以，对于制作视频的年轻人而言，手机是他们的最爱，而且，现在人们越来越习惯在手机上观看视频，移动短视频还正处于风口，拍摄、制作、传播一气呵成，方便快捷。

三、摄像机的基本构造和功能

无论是复杂的数字摄像机、单反相机，还是手机，其摄像系统的基本结构和工作原理都是相似的。下面我们来看看摄像机是由什么器件构成，又是如何工作的。

摄像机大体上是由光学系统、光—电转换系统、图像信号处理系统以及一些附件辅助系统构成的。而且，所有的摄像机都以相同的原理工作，并实现同样的功能，也就是完成光的分解和光—电转换。具体来说是这样的，首先，利用三基色原理把彩色景物的光像分解为红、绿、蓝三种基色光像，再由 CCD 等感光元件将不同光谱成分和明暗程度的光信号转换成电信号；然后，通过各种电路进行信号的加工和处理；最后，形成视频信号输出或记录在磁带、磁卡上。

(一) 摄像机的光学系统

在摄像机的光学系统里，最重要的就是镜头和分色棱镜。

1. 镜头

摄像机的镜头一般是由若干组透镜组成的，其主要功能是将被摄体反射过来的光汇聚在成像元件上。一般在专业摄像机镜头前安装有遮光罩，一是防止杂光射在镜头表面形成光晕，影响画面质量；二是有助于在搬运摄像机时保护镜头。镜头可分为定焦距镜头和变焦镜头。定焦距镜头的焦距是固定的，又可分为标准镜头、长焦距镜头和短焦距镜头。长焦距镜头也就是望远镜头，短焦距镜头也就是广角镜头。而变焦镜头则是把这两类镜头组合在一起，并可以根据需要在不同的焦距区域之间连续变化，变焦镜头的最长焦距与最短焦距之比就是我们所说的变焦倍数。

(1) 镜头焦距

镜头的一个基本特性是焦距，焦距是物理学上的一个专业术语，是指从镜头的光学中心到镜头的影像聚焦的距离。它可以决定影像的放大倍数和镜头所摄的水平视角的大小。焦距愈短，水平视角就愈开阔，影像也就愈小。标准镜头拍出的景物的大小、比例、距离感与人眼直接看到的景物最接近。短焦距镜头拍出的景物比标准镜头小而远，但可视范围广、视角大。长焦距镜头可以把远处的景物拉近、放大，但视角小。对变焦镜头而言，镜头可从其最大的视角到其最小的视角范围内连续变化，视角随着焦距变化而反向变化，即随着焦距的增大而变小，随着焦距的减小而变大；被摄物体的成像却随着焦距的变化而正向变化，即随着焦距的增大而变大，随着焦距的减小而变小。变焦镜头可以从任一种焦距开始，以任意速度连续改变镜头焦距，从而可以连续改变成像和视阈大小，连续变化的推拉镜头就是通过焦距连续变大和变小来实现的。镜头焦距及其特性，如图 1-9 所示。

由于被摄对象与镜头之间的距离随时都在改变，所以，必须随时调节镜头焦距，以确保准确成像。变焦镜头最前面的一组镜片就是聚焦用的，旋转其外环就可以进行焦距调整，而且可以看到对应的焦距长度，如图 1-10 所示。对变焦镜头最基本的要求是变焦时图像的亮度和清晰度不变。所有镜头均有一个最小的拍摄距离，也就是被摄体和镜头之间可以允许的最短距离，在此距离以上才能获得对焦清晰的图像。

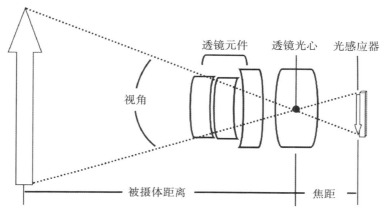

图 1-9 镜头焦距及其特性

图 1-10 镜头上的变焦环和聚焦环

镜头上除了变焦环外，还有一个转环是聚焦环，聚焦分为自动聚焦和手动聚焦两种模式，摄像机上有 AF 和 MF 两个控制键进行选择。自动聚焦模式下不要转动聚焦环；手动聚焦模式时可以转动聚焦环来聚焦，使图像清晰。我们可以通过操作聚焦环来拍摄模糊渐变画面，城市的夜晚，霓虹闪烁，车灯、路灯、广告灯等由模糊变清晰，一幢大楼、一条马路、一座城市逐渐展现在我们面前，这样的镜头常常用来作为开场镜头使用，吸引我们的目光。

（2）光圈

镜头还有一个重要器件就是光圈，光圈决定着镜头的进光量。当外面光线过强

13

时，应适当缩小光圈；当光线太弱时，应适当增大光圈。其目的是让通过镜头的光线强度保持稳定，从而使得到的图像不致过亮或过暗，保持适当的层次。光圈有一组可调整的光阑，它们的张开或缩小便可以控制曝光量。光圈孔径的大小以光圈系数来界定，我们可以在光圈环上看到代表光圈系数的数字(1.4，2，2.8，4，5.6，8，11，16，22)，如图 1-11 所示。这些看似互不相干的系数其实是有规律可循的，后一个系数是前一个系数与 $\sqrt{2}$ 的乘积。每个光圈系数都代表左边相邻光圈系数的光量的一半，代表右边相邻光圈系数的光量的两倍，具体来说，光圈系数为 8 时的进光量是光圈系数为 5.6 时的一半，是光圈系数为 11 时的两倍。由此来看，光圈系数和光圈孔径成反比，也就是说，光圈系数越大，实际上光圈孔径越小，进光量越少。

图 1-11　镜头光圈系数

（3）滤镜

摄像机通常安装有 ND 镜，又叫"中灰密度镜"，一般位于机身左侧靠近镜头的位置，它的作用是减弱光线，避免过曝。而且，它可以均匀减少镜头进光量，而不改变景物原本颜色和反差。ND 镜有多种密度可供选择，比如，有的摄像机的 ND 镜有 1、2、3 和 OFF 挡，在室内拍摄时，一般要把 ND 镜调到 OFF 的位置，在室内开 ND 镜会造成画面噪点变多，画质下降；在室外拍摄时，一般要按照液晶屏的提示打开 ND 镜，例如，如果需要在阳光强烈的室外拍摄，又或者需要在正常光线条件下用较长的曝光时间，以慢速快门拍摄瀑布以表现出虚化的水流等特殊效果，都需要 ND 镜。总之，ND 镜的正确使用是摄像机达到最佳画质的条件之一。

我们知道，数码相机的镜头一般都是可以更换的，有些相机还可以安装一些具有特殊功能的滤镜，比如 UV 镜、偏振镜、星光镜等，大部分滤镜装在镜头前端，上面有螺纹，拧上去就行；也有一些滤镜装在镜头后面，需要把镜头取下来才能装；另外，还有一些镜头是不能装滤镜的，比如一般鱼眼镜头前镜片甚至突出镜筒，没地方装滤镜。

2. 分色棱镜

分色棱镜也就是红绿蓝分光装置，我们从摄像机的外观上是看不见的，这一装置与三基色原理有关。在棱镜实验中，白光通过棱镜折射成红、橙、黄、绿、青、蓝、紫七种单色光，就是可见光谱。其中，人眼对红、绿、蓝三种光最为敏感，人眼就像一个三色接受体系，大多数光可以通过红、绿、蓝按不同的比例混合而成。同样，绝大多数单色光也可以分解成红、绿、蓝三种色光。这一根据人眼彩色视觉特性总结出的重现彩色感觉和混合色彩的规律就是三基色原理。自然界景物的影像都可以用不同强度和不同比例的红、绿、蓝三个基色表现，这样便于电子电路进行处理和节省传送宽带。摄像机的分色装置就是完成这个功能。它把镜头传来的光束分解为红、绿、蓝三个基色光束，并分别投向各自的摄像器件的成像面上。分色装置多采用分色棱镜，由三块棱镜（如图 1-12 所示：A、B、C）黏合而成，由于不同棱镜表面的分色膜有不同的厚度和折射率，它可以反射一些波长的光，而透过一些波长的光，从而起到分色作用。

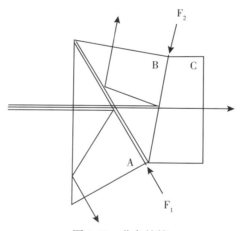

图 1-12　分色棱镜

（二）光—电转换系统

下面我们再来简单了解一下摄像机的光—电转换系统，也就是我们前面讲过的摄像管或者 CCD 等感光元件，这套系统是摄像机机身的核心部件，拿 CCD 来说，它的全称是电荷耦合器件，外界景物通过镜头所成的像恰好落在摄像器件的感光面上，感光面上排列着许多感光小单元，就是我们熟悉的像素，每个像素都可以把感知到的光线变成电信号。单位面积的像素越多，分辨图像的能力越强，图像的清晰度也就越高。摄像器件的各个像素将产生与被摄物体相对应的图像电信号，其中包含亮度、对比度和色度等各种信息。图像亮度是指整个图像的明暗程度；图像对比度是指图像中亮暗部分的对比程度，还有黑白反差度；图像色度包括色调和饱和度，其中，色调表示图像的颜色，饱和度表示颜色的浓淡深浅。光—电转换系统很重要，但是我们在使用摄像机时是不用操作它的，不过在选购摄像机的时候要注意相关的性能。

摄像机的图像信号处理系统主要是一些电路，虽然也看不见，但是操作的时候我们需要进行一些调整或处理，其中最重要的就是白平衡的调整，由于这个问题非常系统和复杂，我们将在下文进行专门的、详细的介绍。

(三) 附件

摄像机还包括一些其他的附件，比如寻像器、液晶显示器、三脚架、话筒、充电器和电池、磁卡、读卡器、铝箱或摄影包等。

第三节　非线性编辑原理

一、编辑原理

(一) 线性编辑

我们现在常说的非线性编辑当然是相对于线性编辑来说的，其实它们的关系就相当于数字编辑和模拟编辑的关系。

线性编辑最基本的原则是从录像源带上把选取的镜头按编排好的顺序复制到编辑母带上。这里的源带就是素材带，编辑母带是相对后面的拷贝版本来说。之所以称为"线性"编辑，是因为不能随意访问素材源，比如，如果想在镜头1后面编辑镜头5，那么就必须滚动中间的4个镜头，因为它们是按照时间顺序排列在录像带上的，不能随意调用镜头1或者镜头5，就像摄像机一样。如果是磁带摄像机，在检查素材时，必须倒带，但是，如果是磁卡记录，则可以在摄像机的液晶显示屏上看到一个镜头就是一个独立的视频文件，可以随意查看。数字化时代，线性编辑基本已经被淘汰了，但是有些编辑原理或模式其实还在非线性编辑中使用。比如视频的时码系统，这一系统就是为每一帧画面提供一个独一无二的地址，有了这个地址码，就可以准确地定位每一帧画面，通常都是"时:分:秒:帧"这种表达方式，这就是应用最广泛的 SMPTE 时码，非线性编辑系统中也是这种时码系统。比如，有一段视频，某处的时间码是 00:05:16:20,那就表示第0时5分16秒20帧的画面。当需要精确定位编辑点时，就需要标记这些时间码。

另外就是编辑模式，在线性编辑中，我们总是会在组合编辑和插入编辑这两种模式中做出一个选择；在非线性编辑中，我们会用到覆盖编辑和插入编辑这两种模式，这两种模式与线性编辑的模式名称相同，但是原理却有所不同。在线性编辑中，插入编辑和组合编辑的最大区别是编辑母带是否需要控制轨道，也就是已经录制图像信息，哪怕是黑场，插入编辑由于已经有控制轨道，因此编辑会更流畅，而且还可以将视频和音频分开编辑，而组合编辑虽然用空白带就可以了，但是两个镜头连接的地方容易有断裂，也不能独立编辑视频和音频，比如新闻和专题片，由于有解说词，最好先编辑音频，然后配上和音频相匹配的图像，这样更容易保证声画对位，因此，选择插入编辑比较好。当然，在非线性编辑系统里，这些问题都会迎刃而解。

（二）非线性编辑

非线性编辑是将图像、声音信号以数字化的形式存储在计算机磁盘上，再进行编辑，它是借助计算机来进行数字化制作，几乎所有的工作都在计算机里完成，不再需要那么多外部设备，对素材的调用也是瞬间实现，不用反反复复在磁带上寻找，突破了单一的时间顺序编辑限制，可以按各种顺序排列，具有快捷简便、随机的特性。而且，非线性编辑只要上传一次素材就可以多次反复编辑，视音频信号的质量始终不会变低，所以节省了物力、人力，提高了效率。

非线性编辑系统中也有两种编辑模式：覆盖编辑和插入编辑。比如，在Premiere非线性编辑软件的素材浏览器窗口的右下角，会看到覆盖编辑和插入编辑两种编辑模式，如图1-13和图1-15所示，它们的工作原理又是怎样的呢？让我们一起来看看。首先，我们要知道，非线性编辑虽然是基于数字视频编码和解码原则，但是在编辑的时候，关键操作还是在时间线轨道上完成的，也就是这些按照时间顺序延伸的视频轨、音频轨等，这个好像跟磁带是一样的。当时间线轨道上没有视音频素材时，选择覆盖编辑或者插入编辑，看到的结果都是一样的，这时素材都会被放置到时间线指针所在的位置；但是，如果时间线轨道上已经有多段素材存在，当选好素材以后，选择【插入】按钮，在时间线窗口中，当前时间线指针所在位置就插入了选好的素材，同时，原来指针后面的素材就自动往后排列，如图1-14所示，素材3插入素材1和素材2之间；如果选择【覆盖】按钮，在时间线窗口中，当前时间线指针位置的地方就插入了选好的素材，但后面的素材不会往后排列，新加入的素材将原来的素材覆盖了，如图1-16所示，素材2被素材3覆盖了。

图1-13　Premiere里的插入编辑选择按钮

17

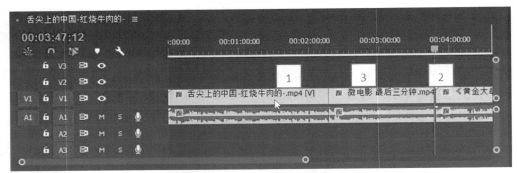

图 1-14　Premiere 里插入编辑效果

图 1-15　Premiere 里的覆盖编辑选择按钮

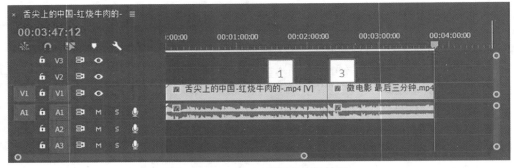

图 1-16　Premiere 里覆盖编辑效果

这里有两种情况常常会碰到，当编辑节目时，如果粗剪好的一段视频中间需要添加一个镜头，那就需要选择插入编辑；如果是替换原有的镜头，那就需要选择覆盖编辑，而且这时还要注意时间选择的长度是否一致或适当，比如，在一些纪实节目中，常有采访的镜头，如果时间比较长，画面就会显得单调，这时我们需要加入一些与采访内容相对应的空镜头，我们将时间线指针放在需要覆盖的起点位置，选好新素材的入点和出点，点击【覆盖】，原来同长度的画面就被替换了，但是，音频也同时被替换了，这并不是我们想要的，所以，我们需要先进行声画分离。

非线性编辑软件中声音、画面分开编辑也是非常方便的，我们看到 Premiere 软件的时间线轨道分为视频轨(也就是 V 轨)，还有音频轨(也就是 A 轨)，有的非线性编辑软件中还有视音频轨(也就是 VA 轨)、字幕轨(也就是 T 轨)。声音和画面原来是组合在一起的，但只要在时间线轨道的素材上单击鼠标右键，选择【取消链接】，就可以把声音和图像分开。在上面的剪辑中，我们可以先将一段采访的声画分离，将分离出来的音频先放置在别的不被打扰的地方，然后覆盖新的素材，并将其声画分离，再将这段不需要的音频删除，将原来的采访同期声音频重新拖入与它匹配就可以了。当然，非线性编辑软件中时间上的操作是变化多端的，由于轨道是可以添加的，我们也可以添加多条视频轨、音频轨，然后将素材放在不同的轨道上，如图 1-17 所示。

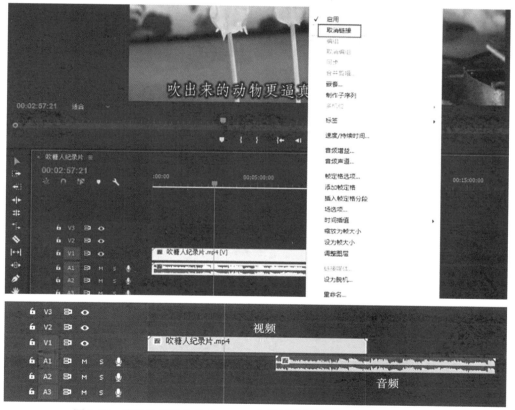

图 1-17　非线性编辑软件 Premiere 中【取消链接】可以将素材声画分离

非线性编辑软件提供了多种可能性，可以比较随意地剪切素材，有人习惯在素材浏览器窗口中剪切素材，有人习惯直接在时间线上下刀，有人习惯单一整齐的轨道排列，有人习惯错落有致的大方阵，总之，最后，你会找到既适合自己又高效便捷的剪辑方式。

二、非线性编辑流程

(一) 制作一个视频作品的基本流程

1. 管理好素材

其实，在一个视频作品开始制作之前，还需要整理素材和确定编辑思路，这些跟前期的分镜头写作和拍摄有关，也跟这个作品的复杂程度有关。还有一个问题非常重要，但是很多人往往容易忽视，那就是管理好每次编辑的素材和文件，因为总有些人在编辑的中途会出现到处找文件的情况，最严重的后果是前功尽弃，其实，只要养成良好的习惯，就不会造成后面的麻烦，所以我们要为每个文件做好命名和安置路径。

如果制作作品的素材比较少，而且各个镜头之间也没有很强的逻辑联系，我们只需要对素材文件做简单的标注，比如"落叶—特写"，这样我们就能很清楚地知道这个镜头的内容、景别，这对后期编辑来说是比较重要的信息。我们在电脑的磁盘里建一个文件夹，命名为"秋日风景"，也就是这个作品的名称，然后再建一个子文件夹，命名为"秋日风景素材"，将刚标注好的素材文件放进去，如图1-18所示。

图 1-18　素材管理

2. 6个步骤

非线性编辑可以分为素材导入、编辑制作和成品输出三个阶段。我们在实验室里看到的非线性编辑系统就是一台计算机，所有的素材文件都可以通过数据线将相机与电脑直接连接，或者取出摄像机中的存储卡，放入读卡器中与电脑连接。电脑里安装有非线性编辑软件，比如 Premiere 或者 Edius 等。以 Premiere 为例，其具体的使用流程主要分成 6 个步骤，除了素材导入和成品输出外，我们将编辑制作细分为画面编辑、声音编辑、字幕制作、特效制作四个环节。

（二）演练流程

现在我们打开非线性编辑软件，比如 Premiere。软件打开后，首先会弹出一个"开始"对话框，因为这是一个全新的作品，所以选择【新建项目】，如图 1-19 所示，非线性编辑软件里面的作品一般称为项目或者工程，也就是 project。选择之后又会弹出"新建项目"对话框，这里我们需要对项目的名称和存储路径进行设定，名称为"秋日风景"，存储位置是桌面，秋日风景文件夹。视频显示，我们要选择时间码，这样编辑视频时我们会清楚地看到每一帧视频的标准时间码。选择完成后，点击【确定】，然后就正式进入 Premiere 的编辑界面，真正的编辑流程就开始了，如图 1-20 所示。

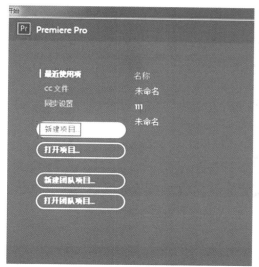

图 1-19　新建项目

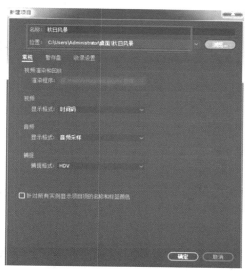

图 1-20　项目命名与设置

1. 导入素材

首先，要将素材导入 Premiere 中，这个步骤比较简单，点开文件菜单，点击【导入】，或者直接在项目窗口中右键点击【导入】，按照之前的路径找到素材，就看到所有的素材都在项目源窗口中了，如图 1-21 所示。这里有两个问题要提醒一下，第一，素材的类型是多样化的，除了视频，我们还可以导入图片和音频，还可以导入 Adobe 系列其他软件创建的工程文件；第二，导入的视音频文件只是快捷方式，在作品没有完成之前，最好不要随意改变素材的原始路径，更不能删除，否则编辑时就无法显示素材了。

2. 编辑画面

下面就可以编辑素材了，素材编辑就是设置素材的【入点】与【出点】，以选择最合适的部分，然后按时间顺序组接不同素材的过程。入点和出点也就是这段素材从哪里开始到哪里结束，我们可以在素材浏览【源】窗口的下方进行选择，确定后再将素材拖到时间线窗口中，如图 1-22、图 1-23 所示。其他的素材也按照这样的方法打点、排列，这样，我们就可以在时间线上看到一段连续的节目序列，在节目浏览器中我们可以看看这段剪辑的完整内容。

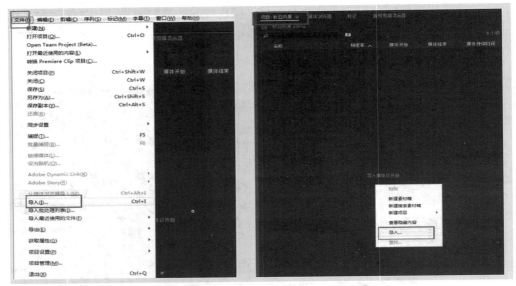

图 1-21 导入素材(左：从菜单导入；右：从项目窗口导入)

图 1-22 在【源】窗口设置【入点】

图 1-23 在【源】窗口设置【出点】

也有很多人习惯直接在时间线窗口中剪辑素材，在【工具】窗口中选择【剃刀】工具，直接在素材的开始和结束位置剪，真的像用剪刀剪断胶片一样，然后将不需要的部分【清除】，或者【波纹删除】，以连接其他素材，【波纹删除】的优势在于后面的素材会自动前移与前面的素材相连，中间删除素材后留下的空白会被填补，如图 1-24 所示。

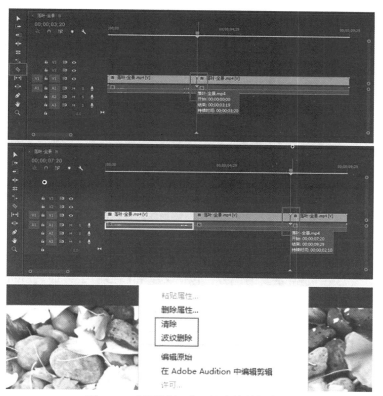

图 1-24 利用【剃刀】工具直接剪辑素材

23

3. 编辑声音

由于是风景片，往往需要消除原音，配上音乐，因此，将素材全部框选编组，然后将所有素材的视音频【取消链接】，删除原音，然后在项目源中找到音频文件，拖入时间线的音频轨，可以将多余的部分剪除，如图 1-25 所示。

图 1-25　删除原音，添加新的背景音乐

4. 制作字幕

字幕也是视频中非常重要的部分，包括文字和图形两个方面。Premiere 中制作字幕很方便，也有很多效果，并且还有大量的模板可以选择。在字幕菜单中【新建字幕】，以静态字幕为例，我们可以在窗口中输入文字，调整文字属性，设计好之后，关闭字幕窗口，就可以在【项目】窗口的素材中找到字幕文件，拖入时间线的视频轨道就可以了，如图 1-26、图 1-27、图 1-28 所示。当然，我们可以选择将字幕放在视频开始之前，或是放在视频轨道之上叠加在视频画面上，字幕素材的时间也是可以随意调整的，只需要拖动延长或缩短就可以了。

图 1-26　新建字幕

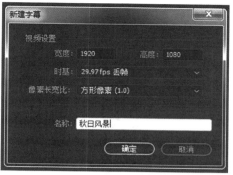

图 1-27　新建字幕设置

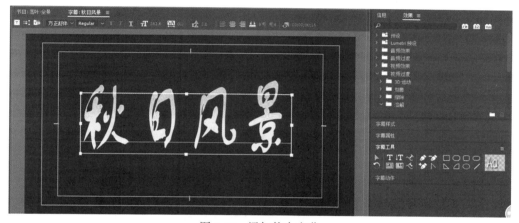

图 1-28　添加静态字幕

5. 添加特效

这个风景短片的 5 个镜头看起来没有必然联系，而且都是固定镜头，直接切可能不太自然，可以添加一些转场过渡效果。Premiere 中可以实现很多特技处理，这里根据情况加上交叉溶解的转场特效，在【效果】面板里面的视频过渡效果里面可以找到，然后将它拖到两个素材相连的地方就可以了，如图 1-29 所示。

6. 输出作品

当视频剪辑加工完成之后，还有一个导出环节，也就是要将视频节目生成视频文件，这样才可以较好地用于传输，或者发布到网上等。在文件菜单中选择【导出】—【媒体】，就会出现项目输出对话框，如图 1-30 所示，这个已经在视频格式中讲过。我们要选择合适的视频格式和文件名称及路径，在摘要中可以看到输出文件的属性信息，选择 H264 是一种比较常见的做法。最后 Premiere 就开始生成视频文件了，如图 1-31 所示，根据节目的时间长短，需要一定的导出时间，需要耐心等待。

图 1-29 添加过渡效果

图 1-30 输出视频文件

图 1-31　导出视频文件

这样，我们的第一个视频作品就完成了。在文件夹中点开《秋日风景成品》这个文件的属性就可以看到，这是一个 MP4 格式的视频文件，如图 1-32 所示。

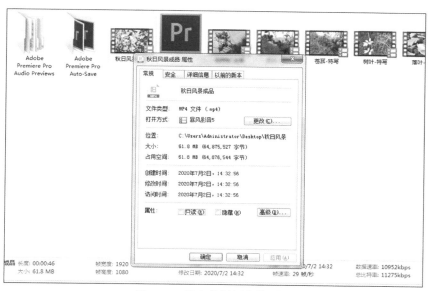

图 1-32　导出的视频文件属性

第四节 非线性编辑软件操作基础

Premiere(PR)，是 Adobe 公司旗下的一款视频编辑软件。我们经常看到的一些影视综艺后期，还有时下比较流行的短视频，都是由这款软件进行剪辑的。它是对影视尤其是视频做拼接处理的后期编辑软件。

一、主菜单与界面菜单

Premiere 的主界面由多个板块构成，每个板块都有自己的功能。从上往下看，首先看到的是顶部的主菜单栏，主要包括文件、编辑、剪辑、序列、标记、图形、窗口、帮助，每一个菜单下面都有很多选项，基本包含了软件所有的命令，如图 1-33 所示。我们新建项目、保存管理文件、选择视频格式以及序列管理等操作都需要在顶部菜单栏中进行。

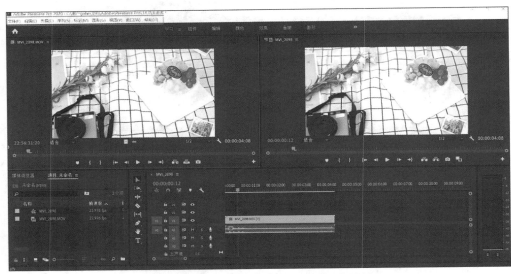

图 1-33 Premiere 主要工作界面及主菜单栏

从顶部菜单栏往下看，会发现一个菜单，主要包括组件、编辑、颜色、效果、音频、图库、库、Editing 等选项，如图 1-34 所示。这条菜单栏称为界面菜单栏，主要是帮助用户操作预定好的一些固定的界面。比如颜色选项，点击颜色选项后会出现相应的界面变化，在此界面中可以方便用户对视频的颜色进行编辑。

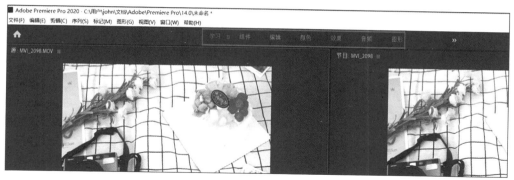

图 1-34　界面菜单栏

二、主要操作面板

在界面菜单栏的下方是 Premiere 的主要操作区域，被黑色线分割开的六个基本模块分别对应源面板、节目面板、项目面板、时间轴面板、工具面板、音频工作面板，如图 1-35 所示。可以说，Premiere 的所有操作基本是在这六个基本模块中完成的。下面将介绍 Premiere 的六个操作模块的基本功能及其相对应的操作工具。

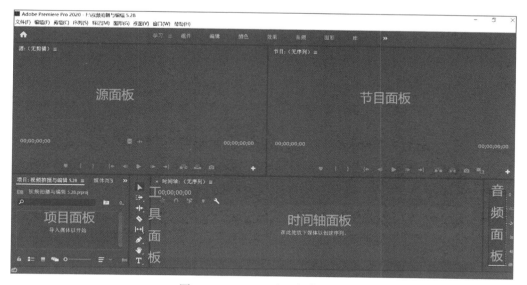

图 1-35　Premiere 主要操作面板

(一)源面板

源面板主要包括源、效果控件、音频剪辑混合器等，如图 1-36 所示。Premiere

主要是对视频素材进行剪辑编辑，将素材拖到源面板，可以对素材进行初步预览。"效果控件"就是给视频添加一些特效，"音频剪辑混合"主要是针对视频所伴随的音频进行处理。

图 1-36　源面板工具栏

源面板下方有一些对源视频进行初步处理的基本工具，包括添加标记(M)、标记入点(I)、标记出点(O)、转到入点(Shift+I)、后退一帧(左侧)、播放/停止切换(Space)、前进一帧(右侧)、转到出点(Shift+O)、插入(,)、覆盖(.)、导出帧(Shift+E)。

(二)节目面板

在节目面板中同样也具有对素材进行处理的基本工具，包括添加标记(M)、标记入点(I)、标记出点(O)、转到入点(Shift+I)、后退一帧(左侧)、播放/停止切换(Space)、前进一帧(右侧)、转到出点(Shift+O)、插入(,)、覆盖(.)、导出帧(Shift+E)。

值得注意的是，源面板是对源素材的预览，预览的是素材原有的样子，而节目面板是对素材文件做了处理之后的效果预览窗口。比如，给视频加了一个特效，那么特效就会在节目面板中进行显示，而源面板中未产生变化。

(三)项目面板

项目面板又称"媒体素材管理面板"，导入的素材和新建的素材都可以在这里进行管理，也可以在这里新建序列文件。双击媒体素材中的一个，可以在左上角源面板中进行素材预览，也可以进行简单的标记和素材的截取。类似电脑上的"我的电脑"，在这里可以打开很多文件夹，进而选择我们所需要进行编辑的素材。"标记"就是我们项目文件前面的标示色块，可以使我们的素材文件更加清晰、条理化。"历史记录"主要用于记录我们对素材进行操作的步骤。"效果"主要是指视音频过度处理的一些效果，比如黑白、交叉融化、风格化等。这些项目都是可以调整的，我们可以根据自己的使用偏好进行项目面板的自定义。

(四)时间轴面板

时间轴面板是 Premiere 进行后期剪辑制作的主要区域，就像一个工厂的主要生产车间，可以对素材进行剪切、组接，以及视音频效果的添加与设置。时间线编辑面板效果的实现，一般需要借助编辑工具。剪切、拼接、播放速度等，大部分内容是在这里完成的。

1. 序列

在 Premiere 软件中，序列是一个基础性的概念。与 Photoshop 和 Adobe Illustrator 中画板大小，以及 After Effects 中合成大小的概念相似，指显示区域的大小。在项目面板中，点击【新建】，可以新建一个序列，如图 1-37 所示。新建序列大小，就是指素材的画面大小和范围。新建序列的大小，一般由最后素材的大小，以及最后导出的视频素材所适用的设备决定。

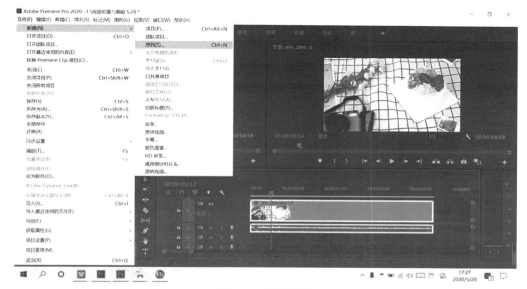

图 1-37　新建序列

新建序列后，节目面板中会出现一个黑色背景的方框。无论是视频还是照片素材，都会在这个框的范围内进行编辑和播放。如果素材大小为 1080×1920，新建的序列大小也为 1080×1920，那么素材与序列就会完全贴合。如果素材比较小，当素材置于中间时，会发现旁边显示黑边。如果画面很大，超出这个黑框的范围，就不会被播放出来。

所以，序列的概念其实就是规定了一个视频的播放范围，类似电视机的显示器，在这个播放范围内来对素材进行编辑。

2. 轨道

如果说时间线面板是加工厂，那么轨道就是生产线，在轨道中进行相应视音频的编辑操作。一般来说，Premiere 软件默认有三个轨道。在素材较多的情况下，也可以进行轨道的添加，在【序列】—【添加轨道(T)】，最多添加 99 个轨道。轨道右方的圆形滑感，主要用来调节轨道的高度和长度，当往下拉时，会发现轨道变大，大到可以放下一个缩略图，显示大概影像或是音频的波形。当调得很小时，会发现轨道之间的距离变得非常小。常见的轨道工具主要包括以下几种。

（1）嵌套工具

轨道工具中，第一个工具是"嵌套工具"，如图 1-38 所示。轨道可以拖入视频和音频素材，也可以进行序列的嵌套。当我们点开序列 1 的"嵌套"工具，让它常亮显示蓝色的时候，打开序列 2，可以把序列 1 拖到序列 2 当中，也就是说序列 2 当中可以包含序列 3 及其所包含的文件。因此，嵌套工具最大的特点就是，一个序列可以包含另一个序列，如果不开启的话，就无法嵌套。

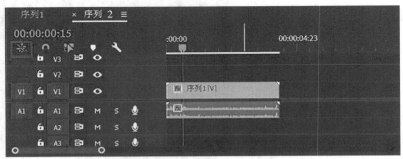

图 1-38　轨道嵌套工具

（2）吸附工具

在轨道工具中，第二个工具是"吸附工具"，如图 1-39 所示，其外形类似磁铁。当需要给不同素材片段进行无缝拼接和对齐时，打开"吸附工具"，可以让它有一个自动对齐的效果。拖动后面的素材向前方这个素材进行靠近，当后面素材快要挨着前面的素材时，素材左上角会出现一个尖尖的东西，这个尖尖的东西就代表它现在自动对齐，无缝衔接。如果把"吸附工具"关掉的话，视频衔接对齐与否是不清楚的。有时看似对齐了，但播放时会发现中间会有一段黑屏。一般来说，吸附工具是默认开启的，好让我们的素材能够自动地无缝衔接。

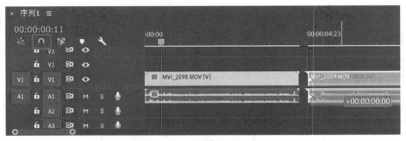

图 1-39　轨道吸附工具

（3）链接选择项

在轨道工具中，第三个工具是"链接选择项"。当拖动一个视频素材到轨道上，一般来说视频的音画是同步的。当然，也可以仅拖动视频或者仅拖动音频。第一种方式就是我们可以在源面板当中，仅拖动视频或仅拖动音频；第二种方式就是将视频素材拖到轨道后，点击鼠标右键，选择【取消链接】，如图 1-40 所示，点击【取消链接】后，音频和视频就不同步了，可以单独拖动视频或音频；第三种方式就是点击【链接项选择】按钮，用以保持视频和音频始终同步，这个一般也是默认打开的，保证音画同步。当点击取消"链接项选择"后，视频和音频轨道就会取消链接，可对视音频轨道做调整。

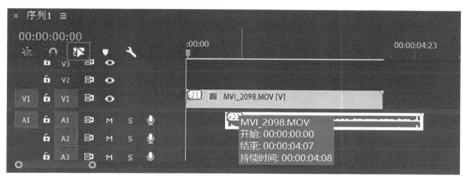

图 1-40　取消"链接项选择"

（4）添加标记

"链接项选择"右侧就是标记工具，用来标记重要的时间点，有助于定位和排列剪辑。可使用标记来确定序列或剪辑中重要的动作或声音。标记仅供参考，并不会改变视频内容。Premiere 主要提供的标记类型，见表 1-1。

表 1-1　　　　　　　　　　　　　　　标记类型

标记	描述
注释	关于"时间轴"选定部分的注释或注解
章节	使用项目中的章节标记，审查者在观看完成的视频时，可以使用标记快速跳转到视频中对应的点
分段标记	分段标记可帮助在视频中定义范围，以实现工作流程自动化
Web 链接	添加提供更多有关影片剪辑选定部分信息的 URL

可在源监视器、节目监视器或时间轴上添加标记。添加至节目监视器的标记会

反映在时间轴和节目监视器中。在 Premiere Pro 中，可添加多个标记，利用此功能，用户可在时间轴中的同一位置为剪辑添加多个注释。标记采用彩色编码，更易于识别。

（5）时间轴显示设置

轨道工具的最右侧是时间轴显示工具，主要是用来设置时间轴上视频和音频的显示样式。首先是视频，包括"显示视频缩览图""显示视频关键帧"和"显示视频名称"；其次是音频，包括"显示音频波形""显示音频关键帧"和"显示音频名称"，以及显示标记情况和"效果徽章"等，如图 1-41 所示。

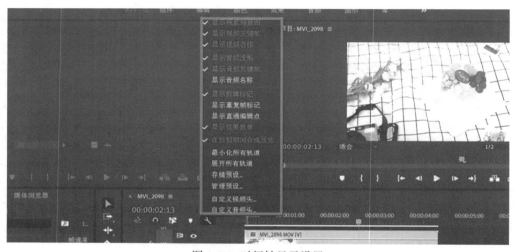

图 1-41　时间轴显示设置

在时间轴面板中对视音频显示样式进行呈现时，通过需要借助右方的双圆头滑感，用以调整视音频轨道的高度。一般情况下，只有当视音频轨道调节得足够高时，其设置的显示内容才能够完全呈现。

3. 工作区域栏

在时间线编辑中，有一个非常重要的属性，即"工作区域栏"。一般情况下，"工作区域栏"是默认开启的，就是位于时间轴面板中上方的进度条，表示时间线轨道上覆盖有视音频素材的区域。工作区域会直接导致我们导出的素材的多少以及长度，对于素材内容的显示具有决定性的作用。当我们在时间轴面板中拖入相应素材，会发现工作区域会自动跟视频的尾部进行对齐，对齐的位置就表示输出视频的具体内容。

在"序列"中，会发现存在"渲染工作区效果"以及"渲染完整工作区域"两个选项，分别指示要渲染的是素材长度、工作区域长度两部分。因为素材长度是有限的，但工作区的长度是可灵活进行调节的。也就是说，工作区域的长度可以与素材的长度保持默认一样，也可以调整得比素材长或短。

当对素材选择"导出媒体"时，会发现导出设置"源"中存在不同的选择范围，可以选择"整个序列""序列切入/序列切出""工作区域"以及自定义，如图 1-42 所示。"整个序列"就是指序列中的所有内容；"序列切入/序列切出"指在序列中通过设置"入点"和"出点"进行的序列范围的选择内容；"工作区域"是指时间轴面板中工作区域的范围。如果把工作区域调短一些，导出设置默认是"工作区域"，导出的就只有前半段，后半段就不会被导出。而如果工作区域调整过长，会导致导出的视频有黑屏画面。因此，在导出时需要注意选择的导出源范围。此外，也可以在导出设置中对源范围进行自定义选择。

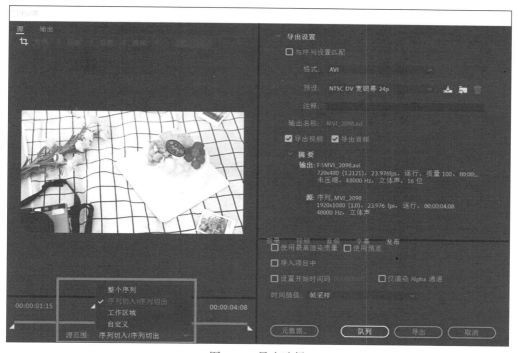

图 1-42　导出选择

在时间轴面板中，位于左上方的时间码用以显示播放指示器的位置，指轨道中对素材进行编辑的具体时刻，显示格式一般为"时：分：秒：帧"，鼠标点击右键也可改变其显示样式。时间轴面板上方存在关于时间刻度条的显示，一般默认开启，让我们对时间有一个概念性的把握。可以看到，在轨道下方有一个记录条，就是对上面时间单位刻度的"调节杆"，用以调整时间刻度的大小。

4. 脱机

在进行实际操作的过程中，由于我们的素材误删了、丢失了，或者说改变了原素材原有的位置，会导致脱机。如果是误删了原素材，就无法重新恢复正常效果了。而如果只是改变了原素材的位置而导致脱机的话，此时就可以通过在"文件"或"项目"中进行"链接媒体"，链接到素材就可以了。这是我们工作时意外出现脱机问题的原因和解决办法。

此外，也存在主动选择脱机的情况。比如，当编辑的素材特别多时，想将文件导入另外一台电脑，这个时候如果把素材保存导出，一个素材可能会有几十个 G 甚至几百个、几千个 G 大小，所占内存非常大。这时，可以选择主动脱机，脱机时会将所有的特效、剪辑路径，以及关键帧的设置都保留下来，只是素材不会保存在文件当中，只把相应的特效保存，导出大概只有几百 K，导出到另一台电脑就比较方便。然后，可以把素材一点点导入另一台电脑，再进行媒体链接。因此，脱机可以方便我们项目的转移和素材的导入。

(五) 编辑工具面板

编辑工具面板是进行 Premiere 编辑常用的工具，主要作用在时间轴面板上，主要包括选择工具、选择轨道工具、波纹编辑工具、滚动编辑工具、速率拉伸工具、剃刀工具、滑动工具、钢笔工具、手形工具和文字工具，如图 1-43 所示。

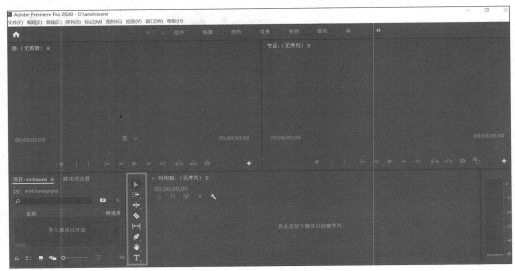

图 1-43　编辑工具面板

1. 选择工具（V）

在图形处理软件中或者视频处理软件中，如果要选择一个工具，必须点"选择工具"，而不是像很多时候，默认鼠标就是选择状态。比如在 Windows 界面或其他办公软件当中，鼠标默认的就是选择功能。在图形和视频处理软件当中，如果想选择，首先第一步是要点选"选择工具"，在"选择工具"点亮的条件下，才能对视频或音频进行选择。

2. 向前选择轨道工具（A）

在时间轴面板中，当素材比较多、较为密集时，进行多素材的选择有时会误操作，会选到那些不想选中的素材。按着 Ctrl 键进行相应的多素材选择，虽然能够选择所需的素材，但效率较低且易出错。当选择轨道上的一个素材时，点选"向前选择轨道工具"，或点击 Shift+A"向后选择工具"，就可以以选中素材为基点，同时选择箭头所指向的所有的文件，而不影响其他轨道。

3. 波纹编辑工具（B）

当两个视频紧密衔接，无法更改视频长度时，点击"波纹编辑工具"，把鼠标放在衔接处，会发现中间的箭头会朝前或者朝后。朝前指要拉伸的是前面的视频，而向后就是拉伸后面的视频，也就是箭头指向哪边，就是对哪边进行拉伸编辑。当对素材进行波纹编辑工具拉伸时，会发现无论前面的视频怎么变，后面的视频长度始终是不变的，而是保持相同的空间向后平移。

4. 剃刀工具（C）

"剃刀工具"是工具栏中除了选择工具之外，用到频次最多的一个工具，主要用于对轨道上的素材进行切割截取。当我们把时间轴上的蓝色光标拉到某一个时间点时，点击"剃刀工具"，会发现鼠标变成了一个剃刀形状，可以对素材进行切割操作。同时，也可以用另外一种方法，选择轨道上相应素材后，将蓝色光标放在需要切割的位置，点击 Ctrl+K，也可以直接进行切割。如果不拖动切割的素材，会发现视频播放效果并未改变，只不过是被作为素材进行了处理。

5. 外滑工具（U）

"滑动工具"包括"外滑工具"和"内滑工具"。当把素材切割成三份，点选中间视频素材，用外滑工具处理时，会发现画面进行了变化。向左拖动时，虽然这三个视频片段的整体比例没变，但是中间出现了重复帧。也就是，对中间视频的入点和出点，进行了一个调整。同理，"内滑工具"也是调整两边视频的出点和入点。

6. 钢笔工具（P）

"钢笔工具"也是较为常用的。当鼠标右键点击【关键帧显示线】后，会发现轨道上会出现一条白线。当打开"关键帧显示线"后，可以用钢笔工具直接在上面添加一些关键点，通过控制视频或图片的不透明度，给这个视频做一些简单的特效，比如，视频先是慢慢消失，然后再逐渐清晰的视频效果。还有一种方式，就是钢笔工具直接作用在画面上，比如直接在画面上进行点击，画面上会出现所框选的不规则形状的图形显示，就是给这个视频进行图形的添加或覆盖，比如添加 LOGO、品牌名称等。

7. 手型工具(H)

"手型工具"是一个抓取工具,可以对素材进行视图大小的调整。轨道上的素材,有时需要一帧一帧地进行调整,当需要对素材进行很细致的调整时,拖动下面的滑杆,会发现素材过得很快,看不见一帧一帧的效果,这个时候就需要选择"手型工具"。当点选"手型工具"对素材进行调整时,会发现能够调整到200%、400%的视图大小,看到一些比较细小、细微的画面,以辅助进行相应观察与调整。

8. 文字工具(T)

"文字工具"主要针对素材添加文字的工具,文字会以图形的方式出现在画面中。观看电影或者电视剧的时候,我们有时会看到画面中经常会出现一些类似声明或者保护版权类的文字体系,就是利用文字工具进行制作的。默认的文字工具是横排文字工具,此外,还有一个竖排的文字工具,就是写出来的文字是竖排的,根据实际需要可进行选择。

(六)音频工作面板

在音频工作面板,当播放视频的时候,会有一个类似音频播放器的进度条,播放的时候,视频素材声音会在这里显示,可以显示播放素材的音量大小。

第二章　视频拍摄基础

第一节　摄像机调节

一、变焦与聚焦

在第一章，我们了解到便携式摄像机、单反相机、手机等常见的视频拍摄设备，也对它们的结构和工作原理有了一些了解。那么，接下来我们就要学习在实际拍摄中，如何使用这些摄像设备，会使用这些设备中哪些重要的功能以及如何使用。

(一)自动模式和手动模式

摄像机是由光学镜头、成像元件、各种电路等构成的精密器件，就像人有眼睛、视觉神经一样，它们都可以根据外部环境的光影色进行自我调节，摄像机的自动模式就是如此。但是，如果我们想通过摄像机看到一些人眼无法领略的特殊画面效果，可能就需要选择手动模式，对摄像参数进行特殊组合。

一般摄像机、单反相机等的聚焦、光圈、白平衡等调节都具有自动和手动两种模式，即 A/M 选择开关，A 就是 auto，表示自动，M 就是 manual，表示手动。比如在单反相机中，AF 表示自动聚焦，MF 表示手动聚焦，AWB 表示自动白平衡调节，如图 2-1、图 2-2 所示。需要提醒的是，当处于自动聚焦模式时，不要强行手动调整聚焦环、变焦环等，这样会损坏摄像机。

图 2-1　自动和手动聚焦

图 2-2　自动白平衡

（二）变焦

先来看看变焦，变焦就是改变摄像机镜头焦距的长短，这样就能够获得不同视角的画面。变焦分为自动变焦和手动变焦两种模式。在自动模式下，我们可以用摄像机的变焦杆自动变焦。变焦摄像机的变焦杆两端有 T 和 W 标志，T 表示长焦，按下 T 端，表示焦距变长，画面拉近，被摄物体被放大，视野变窄；而 W 则是短焦，按下 W 端，画面推远，被摄物体缩小，视野变宽。摄像机的前置操作按钮中也有 W 和 T 按钮，工作原理是一样的。变焦快慢与对变焦杆的施力大小有关。在手动状态下，我们就用手直接转动变焦环来改变焦距，显然，手动变焦因为比较难以把握转动的速度，可能会出现推拉不够匀速的情况，这就是我们用单反相机拍视频的时候要尽量少拍推拉镜头的原因，因为单反相机没有变焦杆，只能手动变焦。不论是转动变焦环变焦，还是按动变焦杆变焦，都要注意变焦的速度，为了使推拉镜头的变焦匀速，我们要尽量一次性用力，中间不要停顿。

变焦还分为光学变焦和数码变焦。刚讲到的变焦调节就是光学变焦，也就是通过调节摄像机镜头焦距实现的变焦，最终目的是不论推进还是拉远镜头，画面总是清晰的；数码变焦就是我们经常看到的将画幅放大，但是画面却出现变模糊的情况。在用手机拍摄的时候，焦距也是可以变化的，但是当拉近画面放大物体时，却发现画面变得模糊了，就像在电脑里放大一张图片一样，所以手机一般是很难实现较好的光学变焦的。

（三）聚焦

聚焦是指光汇聚到一点，是成像的基础，通俗来说，摄像聚焦就是指将物体清晰地呈现出来。我们的眼睛在看东西的时候都有这种体验，当眼光汇聚到一点，这个点上的物体就是清晰的，而余光扫到的周边范围是模糊的，摄像机的聚焦功能也是如此。聚焦也分为自动聚焦和手动聚焦，很多初学摄像的同学偏向于使用自动模式，但是他们也会不断地探究手动模式的奥妙所在。

在一般拍摄环境和需求下，自动聚焦是没有太大问题的。比如短焦拍摄的镜头，视角比较大，一般表现较大的场面、风光或者主体的整体风貌，因为画面本身的景深比较大，也就是清晰范围比较大，自动聚焦不会出现虚焦的情况。比如，图 2-3 中展现的辽阔的海滩，视角比较大，画面中没有虚焦的地方，比较清晰。

还有一些表现单一主体的固定镜头，在一次聚焦清晰之后，只要镜头不动，主体就是清晰的，用自动聚焦模式拍摄就可以了。但是在图 2-4 这种表现景物层次的镜头中，自动聚焦搞不好就会张冠李戴，本来要对后景景物聚焦，镜头很可能就会聚焦到前景景物上，这时，手动聚焦就更靠谱了。

图 2-3　大视角画面

图 2-4　前景聚焦(左)和后景聚焦(右)

　　还有一些特殊的拍摄情况或者需求更适合手动聚焦，比如微距拍摄、移焦拍摄等。

　　微距摄影就是近距离拍摄一些物体，常常是一些细小的物体或者物体的某个小细节，我们看到的画面是它们被放大了。一般镜头的聚焦清晰范围在 0.9m 至无穷远处，有的相机最短是 0.39m。而微距(MACRO)功能可以拍摄距离镜头几厘米的小物体。拍摄的时候，要将镜头置于 MACRO 模式，聚焦模式设为手动，手动调节聚焦环，使被拍摄对象清晰。微距拍摄的效果，如图 2-5 所示。

图 2-5　微距拍摄

另外一种情况就是画面的焦点是变化的，也需要手动聚焦。比如，影视作品中这种画面比较常见，两人对话，焦点在两个主体之间进行移动，一个清晰，一个模糊，然后清晰变模糊，模糊变清晰，这是因为焦点移动了，这种情况要手动转动聚焦环来实现，因为画面是固定的，只是焦点变化了。还有的情况下，被拍摄的人物是运动的，如果自动聚焦，摄像机则无法灵敏地跟踪被摄对象，这时就需要手动跟焦，而且需要特定的跟焦器才能完成这一过程。

另外，还有一个小问题需要提醒，有时候变焦和聚焦需要同时进行调节。比如，推镜头的拍摄，有时候我们把镜头推近，放大物体，却发现物体是模糊的，聚焦不清晰。这需要我们先推近镜头，手动调节聚焦环使聚焦清晰，然后再拉远镜头，正式开始拍摄。

二、白平衡调整

世界是五颜六色的，这都源于光，但光又是变化无常的，摄像机如何能保证拍摄的画面尽显世界的颜色呢？这就是色彩还原的问题，在摄像中被称为白平衡调整。

（一）色温控制

白平衡的调整和色温的控制是分不开的，视频画面能否准确反映物体和环境的颜色，取决于在光线的各种色温条件下，对摄像机的白平衡的正确调节，控制色温，调整白平衡，是用光控制的基础。

1. 色温的概念

首先，我们来看看色温这个概念。顾名思义，色温与温度有关，但并不能简单地理解为颜色的温度，也不是光的温度，而是表示光源的光谱成分。准确地说，色温是光线颜色的一种取值标度，不是指光线照射的实际温度，各种不同的光源之所以能呈现不同的颜色，就是因为光谱成分不同。色温的计量，是以色温的发明者凯尔文提出的方法为依据，其测定方法是，将一个不发光的金属黑体，从绝对零度（-273℃）开始加热，随着温度升高，这一金属便会出现反射光，逐渐由黑变红，然后变黄，转白，最后发出蓝色光。某一种颜色光的色温就是用加热温度加上273，当金属升温到1000℃时，发出暗红色光，标定为色温1273K，依次类推，当金属升温到5227℃时，发出白光，这时的色温则表述为5500K，就是用5227+273所得到的值。

据测定，纯正的白光的色温就是5500K，所包含的颜色包括红、绿、蓝，它们的量大致是相等的，以白光为1，其中红光的含量是0.33，绿光的含量为0.34，蓝光的含量为0.33，如果某一光源的色温低于5500K，那它所含的红光成分就多一些，如果某一光源的色温高于5500K，那它所含的蓝光成分就多一些。色温高低的变化，其实只表现为光源中红、蓝成分的变化，绿光是不变的。所谓色温控制，实际上就是光源中红、蓝成分比例的控制。这就是我们前面讲过的三基色原理，这一原理是摄像机色彩还原的基础，也是白平衡调整的基础。

2. 不同光源的色温

对于人眼来说，处在不同的光源环境中，首先能够感受到的是明暗的对比和差别，其次，我们肉眼可以感觉到不同光源的颜色是不同的。比如，自然光在不同季节、时段、天气环境下的颜色是不同的，在夏天的晴朗天气下，早晨和傍晚的天空往往红彤彤的，我们称为红霞满天，而中午的太阳则是白花花的；人工光源不同，颜色也不相同，比如，烛光晚餐是偏红的暖色调，使人感到浪漫温馨，天然气灶发出的火光是蓝色的，温度很高。这说明不同光源的色温是不同的。不同光源色温参考值，见表2-1。

表2-1　　　　　　　　　　　　**不同光源色温参考值**

光源类型	光源	色温(单位：K)
人工光源	烛光	1900
	钨丝灯(摄影棚)	3200
	石英灯	3300
	暖色荧光灯	3200
	冷色荧光灯	4500
	普通日光灯	4500~6000
	电子闪光灯	5500

续表

光源类型	光源	色温(单位：K)
自然光源	黎明、黄昏	2000~3000
	早晨、下午	4000~5000
	日光	5500
	阴天	10000
	晴朗蓝天	12000~25000

3. 色温滤色片

彩色摄像机的彩色编码电路是在色温为 3200K 的光照条件下拍摄某一标准白而设定的。但是在具体拍摄中，光源的色温是千差万别的，原来设计的白平衡就被破坏了，为了保证在不同光照条件下正确还原物体的本色，就需要选配相应的滤光片，矫正光源的色温。摄像机上的滤光片装置一般装在镜头后面，一般来说有 2854K、3200K、4800K、5500K、6500K 几挡可供选择。2854K 的滤光片呈浅蓝色，它是将低于 3200K 的色温提高到接近 3200K，3200K 的滤光片是无色透明的中性片，4800K 的滤光片呈浅橘色，5500K 的滤光片是橙黄色，6500K 的滤光片呈银黄色，它们分别将 4800K、5500K、6500K 的光源色温降至 3200K。这个道理比较简单，环境色温高于 3200K，说明蓝光多，就用一个橘黄色的滤光片去中和；相反，环境色温低于 3200K，说明红光多，就用蓝色系列的滤光片去中和。如果我反其道而行之呢？确实，也可以这样，用 5600K 的滤光片拍摄 3200K 的景物，画面可以偏暖；用 3200K 的滤光片拍摄 5600K 的景物，画面可以偏冷，如果再缩小光圈，就可在白天的光线下，拍摄出夜晚的效果，所谓白天拍夜景就是这样的。

有的摄像机不一样，要根据不同的型号来确定。有的摄像机的滤光片和 ND 片，也就是我们前面讲过的灰度镜片一起使用，有四挡滤光（色）片：3200K、5600K、5600K+1/4ND、5600K+1/16ND。它们分别对应的拍摄条件是：3200K 一般在日出、日落和室内拍摄，5600K+1/4ND 一般在晴朗的室外拍摄，5600K 一般是多云或有雨的室外拍摄，5600k+1/16ND 一般就是拍摄雪景、海岸或高亮场景。有的摄像机只有 ND 片，设有 1/64、1/8、OFF 三挡。摄像机 ND 调节按钮，如图 2-6 所示。灰度镜，如图 2-7 所示。

滤光片起到相对降低或提高某一光源的色温的作用，为了保证摄像机内的白平衡准确，还有色温补偿电路，弥补仅仅使用滤光片的不足，这一电路就称为白平衡电路。白平衡电路，有手动调节和自动调节之分，使用便捷，与滤光片搭配运用，两者相互补充，使色温校正范围扩大，白平衡更易于调整。

图 2-6　摄像机 ND 调节按钮

图 2-7　灰度镜

(二)白平衡调整

1. 白平衡的概念

白平衡(white balance，WB)，又称"白色平衡"，或称"彩色平衡"，摄像机的色彩还原是基于红、绿、蓝三基色不同比例的合成，我们如果能够使白色正确还原，那么，其他颜色当然也可以正确还原。调节白平衡，就是要达到这个目的。

摄像系统的白平衡是通过使用滤光片的调整和摄像机的相关电路参数的调整来实现的，如图 2-8 所示。白平衡调整，最重要的是对光源色温的判断和标准白的选择，不同拍摄场合，由于光源不同，光源色温不同，光线颜色就不同，只有准确地判定色温，才能选择好滤光片，以保证白平衡调节的顺利进行。一般来说，摄像机是先选择色温滤色片或者 ND 片，然后调节白平衡电路，单反相机往往白平衡和色温选择是融为一体的。

2. 白平衡调整

摄像机调整自动白平衡，首先要选择一块标准白，可以选用一般白纸，要力求纯白，一些白纸中添加了荧光染料，有蓝色成分，用这种纸来调节白平衡，图像就会带有黄色，如果使用易褪色或带有微黄色的旧白纸调整白平衡，图像就会带有青色，由此不难看出，标准白的选择不同对色彩准确还原的种种影响，所以，如果选用偏色卡纸调节白平衡，画面就会偏向卡纸颜色的补色。

单反相机也有白平衡调整，一般情况下都是自动调整的，如图 2-9 所示。在常见的单反相机里面调出白平衡菜单，如图 2-10 所示，可以看到有卤钨灯、白天、日出等不同的色温环境的设置。另外，除了白平衡的调整之外，单反相机还设有白平衡偏移功能，它的作用不是用来矫正白平衡，而恰恰是利用白平衡偏移功能来调制出特殊色调的画面，比如怀旧色调、小清新色调，这更能显示出一种艺术效果。在单反相机的菜单中，可以找到白平衡偏移这一项，这时候就会出现一个网格画面。

图2-8　摄像机白平衡调节按钮

图2-9　单反相机白平衡菜单

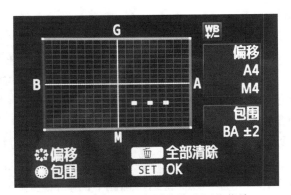
图2-10　单反相机白平衡偏移调节菜单

它的四条区域分别对应着 G—绿色，M—品红色，B—蓝色，Y—黄色。我们可以控制中间小点在这四个区域里面任意调整，比如说，如果想使画面偏绿蓝色，那么，可以把这个点调到 B 和 G 这两个区域。有一些特殊风格的画面，它的白平衡偏移的数值，如果在实践中已经确定的话，就可以记下这些数字，方便后期使用。

（三）黑平衡

既然有白平衡调整，那是不是也有黑平衡调整呢？是有的。黑平衡（black balance，BB），一般是不需要调整的，当摄像机很久没有使用或使用环境温度发生巨大变化时需要调整。黑平衡是白平衡准确的基础。打开调节开关，无论光圈在手动或自动模式下，都将关闭，寻像器显示 OK，此时黑平衡调节完毕。

第二节　影像构图基础

前面已经对数字视频技术以及摄像机的工作原理有了比较全面的介绍，其实，不论是软件技术，还是硬件设备，都只是制作视频作品时不可或缺的手段和工具，最重要的东西还是拍摄者的想法，那就是拍什么、怎么拍。视频技术在摄影技术、电影技术基础上发展而来，特别是与影视技术一脉相承，而影视技术与影视艺术是水乳交融的，视频制作的艺术气质离不开电影艺术的长期探索和积累。关于电影和电影艺术，在《电影艺术词典》中有明确的定义："电影是根据'视觉暂留'原理，运用照相(以及录音)手段，把外界事物的影像(以及声音)摄录在胶片上，通过放映(以及还音)，在银幕上造成活动影像(以及声音)，以表现一定内容的技术。电影是科学技术经过长时间的发展达到一定阶段的产物。"①可以说，电影本身就是一门技术。而对于"电影艺术"，书中也有清晰的界定："以电影技术为手段，以画面和声音为媒介，在银幕上运动的时间和空间里创造形象，再现和反映生活的一种艺术。"②

一、影像构图法则

(一)什么是构图

我们常常会比画相框手势，这就是引导我们去看框内的景物。影像和绘画一样，都是在框内创作的，所以被称为"有限的艺术"。当我们拿起摄像机，首先要考虑的问题就是，在这个有限的画幅内，应该怎么去安排景物所处的位置，这就是构图。"构图这个词来自于拉丁语，意思是结构、组成、联结和联系，即构成画面，确定画面中的各个构成因素的相互关系，以便最终组成一个统一的整体。"③绘画、摄影、摄像都需要考虑构图的问题，而谈到构图，首先要考虑的就是空间结构如何安排，其基本法则是什么。

(二)黄金分割法则

1. 黄金分割比例

什么样的画面结构是美的呢？这取决于结构各部分之间的比例。古希腊毕达哥拉斯学派从数学原则出发，在五角星中发现了黄金分割的数理关系，并以此来解释按这种关系创造的建筑、雕塑等艺术形式美的原因，同时，也最早提出最美的形状为长、宽成黄金分割比例的矩形。黄金分割被称为一切造型艺术的不二法则。把一

---

① 许南明主编：《电影艺术词典》，中国电影出版社 1986 年版，第 1 页。
② 许南明主编：《电影艺术词典》，中国电影出版社 1986 年版，第 3 页。
③ 黄匡宇：《当代电视摄影制作教程》，复旦大学出版社 2005 年版，第 171 页。

条线段分成两部分，使其中一部分与全部的比例等于其余一部分与这部分的比例，约相当于 5：8，比值大概是 0.618，这样的分割就是"黄金分割"，如图 2-11 所示，AC：AB＝BC：AC＝5：8≈0.618。

图 2-11　黄金分割比例：C 为黄金分割点

有趣的是，人们后来发现，比值 0.618 这个黄金数竟是自然界生物在亿万年进化中演绎出来的一个"神数"，广泛地适用于人类生活的许多领域，比如人体感到舒适的温度、人们认为漂亮的脸型和身材等。黄金分割法则被运用到建筑、绘画、摄影等领域，由此延伸出一些摄影构图的基本方法。

2. 三分法则

"黄金分割"被运用到绘画、摄影的平面空间布局时，并没有那么精确，简单地说，就是将画面的主体放在位于画面水平方向大约 1/3 处，让人觉得画面和谐充满美感，因此，"黄金分割法"又称"三分法则"。"三分法则"一般用于画面水平方向的景物布局，比如地平线和水平线常常位于画面下方 1/3 处，画面更加均衡、合理。

3. "井"字分割法则

在"三分法则"基础上，将整个画面在横、竖方向各用两条直线分割成等分的三部分，将拍摄的主体放置在任意一条直线或直线的交点上，这样比较符合人类的视觉习惯，如图 2-12 所示。拍摄时可直接调出相机的"井"字辅助线，也就是"九宫格"，将拍摄主体放在 4 个交叉点上，画面主体就更加醒目了。这四个交叉点也

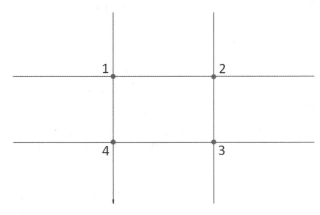

图 2-12　九宫格及其视觉强点

叫"视觉强点"或者"兴趣点"，是根据人的视觉习惯形成的视觉中心，这些视觉中心还有强弱之别。从画面上看，1 是最强的，其次是 2、3、4。当画面主体放置在强点位置时，可以让主体更为突出，画面更趋和谐，能呈现出画面趣味中心的动感和活力。比如，我们在新闻采访时，常常把采访对象置于画面左边或右边的三分线上，拍摄二人对话的画面也是一样，画面中的主体人物也总是在三分线上；当拍摄一些风景画面时，常常把地平线或水平线置于画面下端 1/3 处，把建筑物、人物之类的垂直线条置于右边 1/3 处，如图 2-13 所示。

图 2-13　三分法则(左)与九宫格(右)构图

4. 三角形法则

如果将长方形画幅的其中一条对角线相连，另两个对角点分别与对边的黄金分割点相连，就对画面进行了三角形分割，如图 2-14 所示。使用三角形法则拍摄景物时，常常用于较为复杂的空间分割，根据景物构图元素形成的轮廓分割画幅空间，一般将主要景物置于大三角形内部，小三角形留有一定的空白；以人物为主体构图时，三角形法则可与"九宫格"组合使用，一般来讲，将主体人物放置于两个大三角形内的井字交叉点上。

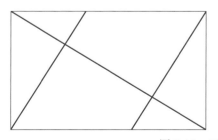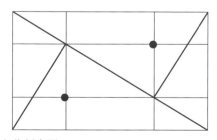

图 2-14　三角形黄金分割布局

5."黄金螺旋"法则

后来人们发现，根据斐波那契数列画出来的螺旋曲线，是自然界最完美的经典黄金比例，这就是著名的斐波那契螺旋线，也称"黄金螺旋"，如图 2-15 所示。这条曲线实际是人们在审视一幅平面画面（不是立体的自然实物）时眼睛注意点的移动路线，这似乎是人类在自然进化中形成的"本能"。在观看已经存在的图像时，这个过程是相反的，注意力由外向内，沿着这条曲线最终把注意力集中在"无穷点"附近。这种构图方法同样在绘画艺术中充分地体现了它的实用性，名作《蒙娜丽莎的微笑》也采用了这种构图形式。

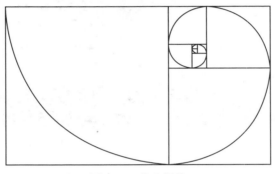

图 2-15 黄金螺旋

二、构图形态

(一) 静态构图和动态构图

静态构图是指被摄对象与摄像机都处于静止状态，镜头内的构图关系基本固定，也就是用固定镜头拍摄静态景物，景物的这种静止状态是相对的，指没有较大的位移。静态构图类似绘画和摄影，我们常常运用三分法则和九宫格进行构图。当然，三分法则并不是万能的，不能机械地运用，要视情况而定。我们也会进行一些二分法的对称构图，比如，拍摄水中的倒影，最好将水际线置于画面中间 1/2 处，形成倒影与实景完美的对称关系。还比如，在一些垂直于画面的直线构图中，往往将线条置于画面中央，向远处延伸，这样可以更好地表现画面的纵深空间，如图 2-16 所示。

动态构图的情况就比较复杂，这时被摄对象和摄像机同时或者分别处于运动状态，镜头内视觉形象的构图形式和相互关系发生了变化。被摄对象运动被称为镜头的内部运动，摄像机运动被称为镜头的外部运动。动态构图有三种情况：固定镜头拍摄运动主体、运动镜头拍摄静态主体和运动镜头拍摄动态主体。动态构图也是以黄金分割法则为基本方法，但是以呈现摄像机运动或者主体的运动为主。

图 2-16 静态对称构图

(二)单构图与多构图

单构图一般是指画面内主体单一、构图元素较少的构图。单构图画面纯净，主体容易突出，多用固定镜头拍摄，画面常常显得比较单调。多构图则是多主体、多元素的构图。多构图要分清主体的主次顺序，将主体、陪体、前景、背景综合起来进行构图。比如，为了使景物层次更清晰明了，常常使用的框架构图方法就是多构图。另外，运动摄像一般都是多构图形式，构图元素常处于变化之中。

电影《芬妮的旅程》讲述了二战期间 9 名犹太孩子的逃亡之旅。一群孩子在战争中承受了这个年纪不该有的责任，他们撒谎、猜疑、敌视、崩溃，同时又保留着天然的童真。在逃亡中，他们辗转于火车、树林、草地、农场，死亡威胁总是无处不在，片中有许多框架构图，让我们看到芬妮透过丛林、车窗、门缝等向外张望或观察，眼神既充满恐惧又无比坚定。

(三)不规则构图

如前文所述，一般按照黄金分割法则进行影视画面构图或者其他有明显规则的构图，这个规则并不是恒久不变的，还有一些影视画面通过不规则的构图表达更深刻的含义。精心设计的不规则构图往往可以为画面增加更强烈的内涵，不规则的构图更容易使影像跨越屏幕与观众之间的障碍，直接走入观众的心灵，达到感染、感动观众的目的。电影《芬妮的旅程》中，当芬妮和孩子们度过一个危机，逃到一片空旷的草原时，画面是倾斜的，我们可以从中体会那种难以抑制的喜悦，同时又隐隐为他们的前路感到一阵阵担忧，如图 2-17 所示。

图 2-17 电影《芬妮的旅程》不规则构图

三、影像构图元素

在设计镜头或者拍摄视频画面时，我们首先需要对摄入镜头的景物有个基本判断，哪些因素是我们应该首先考虑的呢？那就是光、影、色、形，其中光最重要，是形、影、色之源。

(一) 光

前面讲过，我们在摄像之前需要对摄像机的光学系统和相关电路进行调整，比如，光圈调整、色温校正、白平衡调整等，这些都是为了控制画面构图中光这个元素。

在摄像的光线运用中，不论是自然光源，还是人工光源，其影视画面视觉效果的影像原理都是一样的，由以下三个要素决定：强度、性质和方向。

1. 光的强度

我们可以将光的强度理解为光的亮度，实际上，二者是不同的。光的强度主要是指光源在某一方向上的光通量，这个光通量表现在影像效果中，与光源有关，同时也与摄像控制有关。因为摄像时还可以通过光圈来控制进入镜头的光的多少。一般情况下，光圈过小，光的强度小，画面暗，画面杂波大，对比度小，色彩饱和度也差；光圈过大，光的强度大，画面亮，但是太亮了，画面也没有层次感，色彩刺眼，有种焦灼感。除了光圈，我们还可以配合调节摄像机的增益、ND 等，单反相机的 ISO 也有类似的作用。

2. 光的性质

按性质划分，光线可以分为硬光和软光。硬光就是直射光，有明显的投射方向，给人感觉就像一根坚硬的光柱照射到被摄体上，能够产生清晰明亮区、阴影区和投影区，画面对比度大，同时又能表达出被摄体的立体形状、轮廓形式、表面结构。所以，直射光由于光感比较强，造型效果比较好，在一般布光中，直射光多被用作主光。软光，也就是散射光，没有明显的投射方向，照明效果比较均匀，在被摄体上不会产生明显的明暗对比和投影，因此，照射对象的层次细腻、效果柔和。散射光在布光中常被作为辅助光使用。如果觉得硬光效果过于强烈，也常用纱网、柔光纸、反光板，使直射光线扩散成为柔和的散射光线。

3. 光的方向

光的方向是相对于被摄主体来说的，直接关系到被摄主体在画面中的造型效果。按方向划分，灯光可以分为顺光、正侧光、前侧光、侧逆光、逆光、底光、顶光等，相当于在被摄主体水平面和垂直面 720 度方向都投射光线，这些从四面八方投射过来的光线作用在被摄主体上，效果是不同的。比如说 45 度前侧光，就是非常流行的人像配光，配上柔光效果，使人物的脸部既有立体感，又软化了脸部特征，淡化了皮肤纹理。在电影《太阳照常升起》中，就利用逆光、测光、顶光的作用营造出了很多特殊的效果。逆光能够营造特殊的剪影效果，当人物背对太阳，光从背面投向他们，摄像机面对太阳，拍到的是他们的背光面，因此只能看到轮廓，不能看到细节，有一种神秘感。还有 90 度正侧光，使人物脸部一半亮一般暗，立体轮廓硬朗，表情突出，直击内心。

4. 三点布光

三点布光就是根据光的强度、性质和方向所产生的造型效果，在室内或室外较小区域的摄影中进行的人工灯光布置方法。比如，摄影棚里常用的就是三点布光法，根据这三点光的功能不同，主要分为主体光、辅助光和轮廓光，如图 2-18 所示。

主体光，也称"主光"，通常用来照亮拍摄场景中的主要对象与其周围区域，拍摄对象的投影方向也是由主体光决定的。如果只有主光光源，那么画面的明暗层次就会非常分明，投影也比较清晰。主体光常用聚光灯打光，是一种比较亮的硬光，往往是一盏灯从一个方向照射，效果比较明显。根据需要，主体光也可以用几盏灯光来共同完成：15 度到 30 度的位置上的顺光；45 度到 90 度的位置上的侧光；90 度到 120 度的位置上的侧逆光。

辅助光，又称"副光""补光"，常常是均匀的、非直射性的柔和光源，放置在与主体光相对的方向，而且，比主体光距离主体稍远一些，亮度只有主体光的 50%~80%。这种柔和照明的效果可以用来填充主体阴影区以及被主体光遗漏的场景区域、调和明暗区域之间的反差，同时能形成景深与层次，而且这种广泛均匀的布光为场景打上一层底色，定义了场景的基调。

轮廓光，又称"背景光"，其作用是将主体与背景分离开来，帮助凸显空间的形状和深度感。它尤其重要，特别是当主体的头发、皮肤、衣服等都是暗色，背景也很暗时，没有轮廓光，它们容易混为一体，缺乏区分。轮廓光通常是硬光，以便强调主体轮廓。

在室外拍摄时，一般都是利用太阳光进行照明处理，也可以使用人工光源进行局部布光。如果阳光比较强烈，反光板就是必备的布光设备，如图 2-19 所示。白色的反光板光线自然、柔和，常用于一般的补光；银色的反光板光亮如镜，反射的光线比较强烈，常用于营造眼神光；金色的反光板提供暖调光线，光线也比较强烈，常用作人像摄影的主光，银色反光板常作为辅助光。

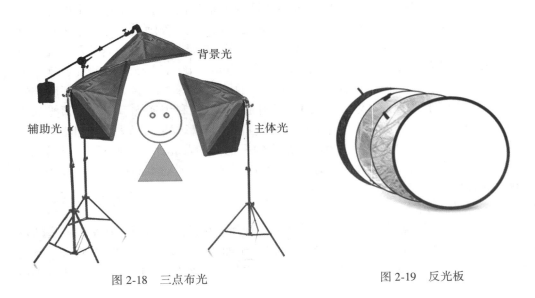

图 2-18　三点布光　　　　　　　　　　图 2-19　反光板

（二）影

有光就有影，光和影是一对孪生兄弟。影分为阴影和投影，我们拍摄的主体对象，往往并不是一个平面结构，而是各种形状的立体结构，这种结构被光照到的部分形象就会显现出来，缺光的部分就变成阴影，光线被主体完全遮挡时，就会在其背光的地方形成投影，也就是影子。比如图 2-20 中，夏日夕阳斜射大地，照射着下班回家或散步的人们，他们骑车、步行的轮廓非常清晰，他们的影子在马路上长长地拖着。这是摄影爱好者周鹏飞在武汉街头拍摄下的场景，武汉刚刚经历了2019 新型冠状病毒疫情，人们的生活慢慢步入正轨，曾经空无一人的街头又有人影浮动，夕阳的暖调给人一种宁静祥和的感觉，光与影又是那么刚劲有力，让人看到疫情过后人间的烟火气，同时又对这座城市的坚强肃然起敬。

阴影和投影形成了画面中的影调，它们与画面中明亮部分形成对比，可以突出画面重点，增强画面透视感，突出物体的质感，也可以渲染画面的气氛。画面影调可以分为高调、中间调和低调三种类型。我们常说的高调画面和低调画面就是指画面影调的层次。画面中黑色影调占的面积大，就称之为"低调"，这样的画面适合表现力量、深沉、苍劲、忧郁、沉重的情绪内容；画面上白色或者浅色影调占的面积大，就称之为"高调"，适合表现明朗、欢快、恬静等情绪内容；如果画面的黑白灰各影调层次过渡和谐，中间层次丰富，就称为正常调子。比如图2-21，周鹏飞拍摄的《缫丝女工》就是一幅低调画面，缫丝车间，烟雾缭绕，一名女工在默默地劳作，阳光从其侧面和背面的窗户照射进来，形成明显的阴影与投影区域，但却将升腾而起的一团烟雾照得格外透白，画面明暗对比恰到好处，深沉却不阴沉，宁静却不忧郁，这是劳作之美、平凡之美。

图 2-20　光与影（周鹏飞：夕阳下的街景）　　图 2-21　低调画面
（周鹏飞：缫丝女工）

（三）色

准确来说，色彩有三个基本特征：色相、色的饱和度和色的明度。色相，就是我们生活中常说的颜色，是光谱上各种不同波长的光在视觉上的反应，其实人的眼睛识别色相的能力是有限的，据统计，大概有 100 种。色的饱和度又称"色的纯度"，光谱色是饱和度最好的色。色的明度是指色的明暗程度，它与物体本身的反射率有关，一般来说，反射率高的明度就高，同时，色的饱和度越好，明度也越高，看着就越鲜艳，对人的视觉刺激就越大，所以往往显得热烈和活泼；相反，色的饱和度差，明度低，对人的视觉刺激也就弱，所以往往就显得平和或沉静。

自然界是五彩缤纷的，色彩不仅是一种视觉传达，还给人们带来各种各样的联想和感情，当我们看到蓝色的海面、蓝色的天空时，就会感到心旷神怡；在绿色的草地或者森林里面，就会感觉到健康平和，有一种勃勃生机。所以说，人们对色彩的感觉，源于自然现象与生理现象的有机融合，色彩感觉是一个实实在在存在的哲学现象，我们准确地把握了这一关系，才谈得上对色彩语言的真正驾驭。颜色甚至还被打上了时代、阶级、宗教、伦理的烙印，产生了一种约定俗成的社会寓意和色彩文化。比如，在中国人的眼里，红色代表着热烈、喜悦、勇敢和斗争，白色则常常意味着纯洁、坦率、朴素，黑色有一种沉着严肃和神秘之感。在影像画面里，可以通过对色彩基调的选择，来传达视频作品的主题和意义，比如，常常说的暖色调和冷色调，暖色调常以红色、黄色、橙色为主，多表现热烈、喜庆、欢乐、胜利、坚强、勇敢等场面及情感；蓝色、白色为冷色调，多表现安静、平衡、清凉、幽远的场面及气氛。

导演张艺谋就特别偏爱和善于运用色彩元素，他的电影给人的第一印象就是将色彩作为一种意象刻意地表达出来，尤其是红色和黄色，几乎成为张艺谋早期电影的主色调，烙下深深的中国印记。比如电影《红高粱》延续了这种风格，红色更加浓郁饱满，后来的《大红灯笼高高挂》也是以红色为主。电影《英雄》是张艺谋商业电影的初次尝试，这部电影将色彩运用到极致，演员的服饰、布景、画面的色调都运用了大面积的饱和度极高的红色、绿色、蓝色、白色等，鲜艳明丽，酣畅淋漓，从中可以看出导演在电影色彩的运用上注意到中国元素与国际化的融合。《满城尽带黄金甲》也是将色彩渲染发挥到极致的代表。

（四）线条

最后，来看一下线条元素，万事万物都可以抽象成线条，比如物体的形状、影调的明暗、色彩的分界等，视频画面空间可以简单地抽象成线条的布局，线条有利于塑造空间的透视关系，表达力量冲突、对比，表现形式美。前面讲过的三分法则，实际上就是一种线条构图。由于生活经验的积累，人们对各类线条形成了抽象的认知定势，认为各种形态的线条具有某种普遍象征的联想。今天来看一下几种基本的线条构图效果。

最常见的是水平线条和垂直线条。地平线、水平线都是常见的水平线条，它能够引导人们的目光向左右两边延拓，形成宽广开阔的气势，常给人以平静和安宁的感觉；但缺少动态感，在视觉上可表示大海的平静、大地和天空的寂静和无限。地面上的建筑物、人、参天大树等都是垂直线条，给人以庄严、伟岸、昂扬、岿然不动的感觉，代表着尊严、永恒、权力。自上而下地运用垂直线条，造成深不可测、一落千丈之势。

如果水平线条和垂直线条的角度发生倾斜，那么在画面中就形成了一种斜线构图，斜线在画面中产生动势。由于人的眼睛看着斜线的一侧极度缩小或是极度开扩，画面空间有了或大或小的变化，瞬间就产生一种动势，空间的纵深感更强。图2-22 中的夜市是一条纵深的长廊，灯火通明，热闹非凡，从画面的左下方开始斜向延伸到右上方的远方，显出格外的繁华。

有时候自然界的线条并不是那么规则，也有弯曲的，甚至锯齿状的，如果能够巧妙地加以运用，那么画面就会呈现出特别的感觉，比如图 2-23 中海浪的边缘形成的这种弯曲线条，可以造成柔和优美、迂回曲折之感，使画面中结构变化多姿。当然特殊的线条有时也会使人的视线忽高忽低地变化，产生不安定、不均匀、紊乱和动摇的感觉。

图 2-22　斜线构图(周鹏飞：夜市)　　　　图 2-23　曲线构图(张滨淏：海岸)

光、影、色、形是构图的基本元素，实际上主要关乎画面的美感。生活中不缺少美，万事万物都是各有各美，需要用我们的慧眼去发现。

四、凸显画面主体

影视画面是形式和内容的统一，画面的形式美固然重要，但是形式是为内容服务的，我们前面谈到的构图法则和构图元素，其实也是为画面内容服务的。画面的内容就是画面要展现的主体形象及其背后的思想含义。我们后面将讲到的一些构图方法，实际上也是为了从形式上凸显画面主体，进而传达画面的意义。

(一)什么是画面主体

没有主体的画面就像一团乱麻、一丛杂草，让人无所适从，眼光都无处安放，如图 2-24 所示。主体既是画面的形象中心，也是画面的视觉中心。在摄影画面中，主体起着主导作用，主体在画面中应突出醒目，让人一目了然，画面空间的分配、影调和色调的确定，都要以主体的特点来决定。

图 2-24　无主体画面

(二) 如何凸显画面主体

一幅画面一般是由主体、陪体和背景等几个部分组成。如何凸显主体呢？当然，最直接的方法就是让画面主体充满整个画面，霸占整个画面，那么画面的主体当然很明确了，另外，我们可以利用构图方法在空间位置上将主体安排在画面视觉强点上，或利用几何关系形成构图主次之分。不过，我们常说，"红花虽好还要绿叶扶"，凸显主体常见的方法是用陪体来进行对比衬托，画面的信息量会更多，主体形象会更加鲜明。

1. 形体对比

形体主要是指主体与其他画面形象的形状、大小、体积、面积等。最直接地凸显主体的方法就是让它占据整个画面，霸占所有的空间，视觉上没有替代和选择的余地，人们的视觉中心自然就集中起来了。另外就是形成对比，比如大小对比，视频画面中体积大的物体同体积小的物体放在一起会产生对比效果，当然，长与短、高与低、宽与窄的对象都可以形成对比。

2. 虚实对比

虚实对比可以说也是一种非常直截了当的凸显主体的方法，因为画面中并不是所有形象都是清晰的，只是主体清晰，其他陪体和背景都是模糊的。由于我们现在的视频画面多是二维的平面形象，如果实体形象前后相叠，中间缺少距离感，就会显得杂乱；如果把实体形象衬在虚化形象中，这种重叠的杂乱感就会消除。在摄影画面中，让模糊部分衬托清晰的部分，清晰部分会显得更加鲜明、更加突出。这就是小景深画面的虚实相间、以虚托实，同时，虚化的部分还能给人留下想象空间。

　　不过，凸显主体也可以用以实托虚的方法，并不是清晰的部分就一定是画面主体，主体也可能是画面中虚化的部分。比如，有的画面景是实的，人是虚的，但是人却是主体，景却是陪体，如图 2-25 所示。

图 2-25　虚实对比凸显主体(左：以虚托实，右：以实托虚)

3. 动静对比

动与静的对比可以使影像画面显得更加有生气。视频画面的动静对比更加丰富，因为视频画面除了画面主体的动静对比外，还有摄像机运动造成了画面内外的动静对比。比如，在人来人往的街头，主体人物静静地矗立，动静对比反映出人物心理的孤独和失落，配合快进特效的使用，这种感觉更加突出了；还有，如果用固定画面拍摄运动的主体，那么主体的运动速度和动态都会更加明显，如果用运动镜头拍摄静止的对象，就些对象也变得更加生动了。

4. 明暗对比和色彩对比

明暗对比和色彩对比也比较常见。白与黑、明与暗相反相成，相互衬托，可以对视觉形成刺激，通常，画面中最明亮的部分最吸引人，但在有的画面中，最暗的部分却最醒目。在大面积的亮调画面中，小面积暗色显得最为突出；在大面积的暗调画面中，小面积的亮色又最突出。色彩的冷暖对比也可以造成视觉刺激，让人感到艳丽夺目。把冷色和暖色放到一幅画面中，会产生强烈的色调对比。如果冷暖色调的面积相等或相近，反而会造成不好的视觉效果；如果将其中一种色调的面积缩小，另一种色调的面积相应扩大，就会获得"万绿丛中一点红"的效果。另外，在大面积的中间色调中，小面积的冷色或暖色也能得以突出；在大面积的饱和度较低的色调中，小面积饱和度较高的相同颜色也会相对突出；在大面积黑白画面中，小面积的彩色十分突出。

(三) 空白

不论是主体还是陪体，我们都称之为实体，它们是有实实在在的形象的。摄影画面上除了看得见的实体对象之外，还有一些空白部分，它们往往是由单一色调的背景所组成，形成实体对象之间的空隙。单一色调的背景可以是天空、水面、草原、土地或者其他景物，由于运用各种摄影手段，它们已失去了原来的实体形象，而在画面上形成单一的色调来衬托其他实体对象。

"留白"向来是中国绘画艺术的重要方法，俗话说："画留三分空，生气随之发。""留白"甚至成为一种人生哲学，意思是要适可而止，懂得中庸之道。运用到影像画面空间的"留白"也有这种哲学意义，能够创造意境之美，同时也有现实的视觉效果，是沟通画面上各对象之间的联系、组织它们之间相互关系的纽带。

首先，"留白"之所以能够创造画面意境，就是因为画面的空白之处能够留下更多想象的空间，这个空间是留给创作者的，也是留给观众的。比如，齐白石画虾，留白较多，画面只有虾，没有其他杂物，甚至连几条水波也没有，但是确实此处无水胜有水，画面空灵秀丽，一目了然，有回旋余地；相反，如果在虾的周围画上水波和杂草、卵石等，虾的灵气恐怕就没有了。图 2-26 中的泡桐树是先开花后长叶，此时，树枝上正长满了花骨朵，参差地伸向天空，而天空纯净得像画布一般，正好和花枝相映成为一幅图画。

其次，"留白"更能凸显主体。这也是一种直接凸显画面主体的方法，因为画面除了主体就是空白，没有陪体或者背景，就算主体占据的画面面积比较小，也会成为画面的中心。

最后，"留白"是画面展现方向的需要。画面的方向包括人物视线的方向、光线的方向、物体运动的方向、画面内的方向标志等。方向是一种趋势，能引导观众的视线进行延伸，并展现对画外空间的想象。如果画面内有一个指示箭头指向画面的右方，观众自然会将视线往右看，并想象往右会去向何方。同样，画面中正在运动的物体，如行进的人、奔驰的汽车等，前面要留有一些空白处，才能使运动中的物体有伸展的余地，观众心理上也觉得通畅，能够加深对物体运动的感受。人物或动物的视线方向也是如此，需要留有一定的空白，后面将要讲到的鼻前空间也是这个道理。

图 2-26 画面留白

空白和实体对象的面积往往不是相等对称的，一般来说，如果画面注重写实，那么实体对象所占的总面积大于空白处的面积；如果画面注重写意，那么画面上的空白处的总面积大于实体对象所占的面积，这样画面才显得空灵、清秀。

第三节 拍 摄 角 度

"横看成岭侧成峰，远近高低各不同。"是的，世界是什么样子，常常取决于我们怎么看它。"怎么看"的问题就是角度问题，摄像机可以为我们提供丰富的拍摄角度，简单来说，拍摄角度就是摄像机在拍摄时的视角，它是摄像机空间位置与被摄体空间位置之间形成的角度，拍摄角度一般由三个因素构成，即拍摄方向、拍摄高度和拍摄距离，这也是我们所说的"摄像三坐标"。拍摄角度，实际上就是观众眼睛的视线角度，不同视角会向观众传达不同的表现意蕴，所以，角度决定了构图形式、人物造型效果、画面表现力和主题的表达。对于拍摄角度的重要性，匈牙利电影理论家巴拉兹·贝拉这样写道："方位和角度足以改变影片中画面的性质：振奋人心或富于魅力，或冷漠无情或充满幻想与浪漫主义色彩。角度和方位的处理对导演、摄影师的意义，犹如风格对于小说家，因为这正是创造性的艺术家最直接地反映他的个性的地方。"①

一、拍摄方向

拍摄方向是指镜头在水平方向上相对被摄对象所处的位置，这个位置可以存在于以被摄对象为中心的圆周上的任何一个点，不同的拍摄方向可以拍摄出被摄对象的不同画面形象，画面的形象特征和表现意图也都会发生变化，一般根据拍摄方向的变化，把拍摄角度分为正面角度、侧面角度、斜侧角度、背面角度等这些基本角度。

(一) 正面角度

正面角度是指摄像机处于被摄体的正面方向的角度，正面角度能够体现被摄对象的主要外部特征，把被摄对象的正面的全貌呈现在观众面前。正面角度拍摄的画面可以充分展示被摄对象的横向线条，产生对称均匀、平稳庄重的效果。我们常常看到的一些大型会议的现场，就会从会场正中央拍摄主席台的正面画面，这样在画面上形成庄严的气氛；还有一些建筑物，正面拍摄可以产生平静和谐的视觉效果，突出建筑物的宏伟气势；正面角度拍摄人物的时候，有利于展现人物的面部表情、神态，还有正面的动作和体态，如果加上平视角和近景景别的配合，就可以产生画面人物与观众面对面交流的效果，使人物与观众之间产生一种参与感和亲切感，一般各类节目的播音员主持人出现在屏幕上时，都是这样处理的。

(二) 侧面角度

侧面角度是指摄像机处于被摄体的正侧面方向，摄像机光轴与被摄体正侧面呈90度的拍摄角度，这个角度主要来表现被摄对象侧面特征，勾画被摄对象侧面轮廓形状。侧面角度具有很强的表现力，比如说我国的民间艺术皮影戏的造型，就是利用侧面角度来制作的，每一个皮影人物其实都是这个人物的正侧面，侧面角度能够比较好地展现人物的视线方向，同时，也能够很好地表现人物或事物的动势。比如在乒乓球比赛中，在乒乓球台两端的两个运动员，分别都是侧面的角度，在这个角度，他们双方互相注视着对方，而且，人物的动势非常明显，具有运动的美感和气势。侧面角度还可以用来表现被摄人物之间的情感交流，可以交代清楚相互交流的人物之间的关系，常常在人物对话中使用。

(三) 背面角度

背面角度拍摄就是摄像机镜头位于被摄对象的背后进行拍摄，背面角度拍摄画面的时候，观众的视角和被摄对象的视角是一致的，这样会使观众产生与被摄对象同一视线的主观效果，这就是我们常常说的主观镜头，如果使用背面跟拍，随着被摄人物在画框中前进，一个个新的场景随之出现，观众也仿佛身临其境，现场感、

---

① 　[匈]巴拉兹·贝拉：《电影美学》，何力译，中国电影出版社2003年版，第123页。

空间感和参与感得到了充分的体现，这也是纪实摄像经常使用的镜头。同时，由于我们见不到人物的面部表情，也常常能够产生一种悬念，引起观众的好奇心和想要观看下去的兴趣，通常可以达到某种出其不意的艺术效果。

（四）斜侧角度

斜侧角度实际上可以分为两种，一种是前斜侧方向拍摄，另外一种就是后斜侧方向拍摄。标准的前斜侧角度应该为镜头轴线与人脸平面或者物体正面成 45 度角，前斜侧方向拍摄能够使被摄主体的横线在画面上变为与边框相交的斜线，产生线条汇聚，使物体产生明显的形体透视变化，从而加强空间感，也就是我们常说的，把水平的线条变成了斜向的线条，画面形象近大远小，近浓远淡，有较深的纵深感，相比水平方向，前斜侧方向的画面形象显得更加具有动感。后斜侧方向与前斜侧方向拍摄正好相反。这种拍摄角度，其实重点并不在人物，或者在前景画面中，而常常是在后景画面中，比如说我们常常拍摄学生写字的特写镜头，从学生的后斜侧方向进行拍摄，来表现他的这一动作是比较清楚的。更常见的是拍摄记者采访，我们从记者的后斜侧方向进行拍摄，拍摄的主要对象实际上是被采访对象。

二、拍摄高度

说完水平方向，我们再来看一下垂直方向，垂直方向所形成的就是我们常常说的拍摄高度，拍摄高度一般分为平拍、仰拍和俯拍三种类型。

（一）平拍

平拍的时候，摄像机的镜头和被摄对象处于同一水平面上，相当于人的平视效果，这种视觉效果与生活中对环境的观察是一样的，所以比较符合人正常的视觉习惯。在平拍的画面中，画面形象的大小比例、结构关系比较符合实际情况，能够产生一种客观公正的感觉，使人感到平等、稳定和亲切。平拍时摄像机的高度应该与站立的被摄人物的胸部到头部之间的高度相当，如果有小孩儿在地上玩耍，那么就只能蹲着或趴在地上进行拍摄，如图 2-27 所示。用平拍的角度来拍摄人物的近景或特写，拍摄镜头与被摄人物眼睛的连线要水平。当我们用平拍角度拍摄风景时，地平线的处理就相当重要，应该避免地平线处于一个不恰当的位置分割画面。

（二）俯拍

俯拍是摄像机镜头处于被摄对象的上方，镜头偏向下方拍摄，这样得到的是一种自上而下、由高向低的俯视效果，因此纵深环境方面得到充分的表现。俯拍还可以用来显示某个场景中物体的位置、景物的数量层次，以及它们之间的相互关系等。图 2-28 中是电影《我和我的祖国》之"夺冠"的一个画面，女排夺冠，人们难以抑制心中喜悦与激动之情，将为他们撑起电视天线的东东高高举起，俯拍的画面看到每个人举起双臂、齐声欢呼。

大场景的俯拍画面有很强的立体感，航拍就是一种典型的俯拍，从地面升向高空的镜头，始终俯视地面的景物，视野逐渐开阔，心情自然开朗，使人感到人是如此渺小，世界如此浩大。

图 2-27　平拍画面

图 2-28　电影《我和我的祖国》俯拍画面

（三）仰拍

仰拍是指摄像机镜头位于被摄对象的下方，由低处向高处所进行的拍摄，仰拍使人产生抬头观看的感觉，这样会使得被摄对象显得特别高大，比如大树、高楼，为了显示其高大，常常运用仰拍角度。仰拍的时候，大多数会以天空为背景，画面主体相对来说比较突出和醒目。仰拍的镜头，由于透视变形，造型效果比较夸张，使人和物变得更加高大，接近地面的仰拍能够夸大主体跳跃的高度，给人一种很强的视觉冲击力。图 2-29 中同样是电影《我和我的祖国》之"夺冠"的一个画面，这个画面用仰拍角度展现东东跨过楼顶去调整电视天线塔的过程，他动作敏捷、争分夺秒，为的是不让大家错过女排夺冠的精彩瞬间，此时的东东就像一个飞侠，仰拍的画面夸张地表达了导演对这个小英雄的敬意。

最后要提醒的是，其实不论是从什么高度，或者从什么方向进行拍摄，都是由画面主题表现的需要以及画面情感表达的需求决定的，无论从哪种高度和哪个方向，都没有优劣之分，只看是否适当。

图 2-29　电影《我和我的祖国》仰拍画面

三、景别

（一）景别的概念与划分

1. 景别的概念

对于镜头画面的设计来说，景别是一个非常重要的概念。景别就是摄影机在距被摄对象的不同距离或用变焦镜头摄成的不同范围的画面，也就是被摄主体的画面形象在屏幕上所呈现的大小和范围。一般情况下，景别大，拍摄范围大，被摄主体小；景别小，拍摄范围小，被摄主体大。景别的表现还与画框的大小有关，标准的 4∶3 高宽比的画框更适合做特写，但宽屏幕的 16∶9 高宽比却能让取景范围更宽，它不仅会显示，而且可以强调水平面的远景特点，同时，使得拍摄两个人谈话的特写镜头更加容易。我们现在所讨论的当然都是 16∶9 的高宽比，甚至有的会更大。

视频画面为什么需要运用不同大小的景别呢？这是为了适应人们在观察某种事物或现象时心理上、视觉上的需要。人们在现实生活中用眼睛观察事物，或趋身近看，或翘首远望，或浏览整个场面，或凝视事物某个局部。人们可以通过自身的运动或眼睛的调节取舍想要观看的景物，不过，在足球赛的观众席上，观众是无法看到某位球员的面部表情或者精彩的细节的，也不可能从俯视的角度观看整个赛场，那么，各种摄像设备的镜头正好满足了观众的需求，因为只要改变摄像机与被摄物体之间的距离和所用镜头焦距的长短，就可以获得不同大小的景别。

2. 景别的划分

摄入画面景框内的主体形象，无论是人物、动物或景物，都可统称为"景"。但是景别的划分，一般以人为参照物，主要可分为 5 种，由近至远分别为：特写，指人体肩部以上；近景，指人体胸部以上；中景，指人体膝部以上；全景，指人体的全部和周围背景；远景，指被摄体所处环境，如图 2-30 所示。在此基础上，还可以细分出大远景、大全景、中近景、大特写等景别。在影视制作中，导演和摄影师利用复杂多变的场面调度和镜头调度，交替使用各种不同的景别，可以使影片剧情的叙述、人物思想感情的表达、人物关系的处理更具有表现力，从而增强影片的艺术感染力。

在镜头画面中有一个非常明显的现象，那就是镜头越接近被摄主体，场景越窄，而越远离被摄主体，场景越宽。取景的距离直接影响视频画面的容量。不同景别的画面在人的视觉和情感中会产生不同的感受。摄影机和对象之间的距离越远，我们观看时，就越冷静，也就是说，我们在空间上隔得越远，在情感上参与的程度就越小，这是一个有趣的现象。较远的镜头本身有一种使场面客观化的作用，这是因为远景镜头可以拍下很大的范围，景物很多，但是细节又不清晰，观众只能从整体上获得印象，像是在用一种超然的态度观看这些大的场面。相反，较近的镜头一般比较远的镜头使我们在感情上更加接近人物。这是因为这种镜头可以突出环境中的一小部分，这样的镜头没有挤进来无关的东西，因此视觉的观察是比较简单的，我们对于出现在眼前的实际形象可以立即做出客观的解释，这就为我们留下了更多余地，使我们可以在情感上做出反应，这就是我们常说的"远观其势，近取其神"。

远景

人物全景

人物中景

人物中近景

人物近景

人物特写

人物大特写

图 2-30 景别划分

(二) 不同景别的表现特点

1. 远景

远景一般用来表现环境全貌，展示人物及其周围广阔的空间环境、自然景色和群众活动大场面的镜头画面，相当于从较远的距离观看景物和人物，视野宽广，能包容广大的空间，人物较小，背景占主要地位，画面给人以整体感，细节却不甚清晰。

远景通常用于介绍环境，抒发情感。图 2-31 中是电影《我和我的祖国》之"白昼流星"的开场画面，衣衫褴褛的两兄弟走在一眼望不到尽头的新修公路上，两边是荒无人烟的戈壁沙漠，这个画面一开始就向观众展现了故事发生的环境，为"扶贫"的主题奠定了基调。

宽广的原野与海洋、雄伟的峡谷与群山、荒野的丛林与沙漠，还有高楼林立的现代都市、厂房密布的工业区、拥挤破败的贫民区，通过远景来描绘，气势恢宏，场面浩大，视觉冲击力更大。随着宽银幕的出现，加上航拍、无人机拍摄的逐渐流行，远景越来越成为影视作品营造视觉奇观的手段，一些气势恢宏的大场面出现在很多影片中。

图 2-31　电影《我和我的祖国》远景画面

2. 全景

全景用来表现场景的全貌与人物的全身动作，在影视作品中常用于表现人物之间、人与环境之间的关系。全景画面主要表现人物全身，活动范围较大，体型、衣着打扮、身份交代得比较清楚，环境、道具看得也比较明白。

远景、全景镜头又称"交代镜头"，常常用在一场戏或者一部影片的开头，用来交代故事发生的时代背景，也展现人物活动的场景。而对比远景画面，全景画面比远景画面更能够全面阐释人物与环境之间的密切关系，可以通过特定环境来表现特定人物，这在各类影视片中被广泛地应用。同时，全景更能够展示人物的行为动作、表情相貌，也可以从某种程度上来表现人物的内心活动。全景画面中包含整个人物形貌，既不像远景那样由于细节过小而不能很好地进行观察，又不会像中近景画面那样不能展示人物全身的形态动作，在叙事、抒情和阐述人物与环境的关系上，起到了独特的作用。图 2-32 中这一全景画面展现了天上、地上的环境，也展现了骑马奔驰的兄弟俩的形体动作，激动兴奋的心情展露无遗。

图 2-32　电影《我和我的祖国》全景画面

3. 中景

画框下边卡在人物膝盖上下部位或场景局部的画面，称为中景画面。不过，这里要提醒一下，中景画面一般不正好卡在膝盖部位，因为卡在人物关节部位，比如脖子、腰关节、腿关节、脚关节等，是摄像构图中所忌讳的。中景和全景相比，包容景物的范围有所缩小，环境处于次要地位，重点在于表现人物的上身动作。

中景是叙事功能最强的一种景别。在包含对话、动作和情绪交流的场景中，利用中景画面可以最好地兼顾人物之间、人物与周围环境之间的关系。中景的特点决定了它可以更好地表现人物的身份、动作以及动作的目的。表现多人时，可以清晰地表现人物之间的相互关系。图 2-33 中是电影《我和我的祖国》之"白昼流星"的演员合影，从画面中可以看出，中景画面在展现人物和环境方面的兼顾性，人物的造型、神态、动作在画面中都可以看到，同时也可以看到背景墙上挂满的锦旗。"白昼流星"的宣传海报也采用了李叔的中景画面，他牵着马正向前行，表情慈祥又凝重，眼神坚定又忧虑，背后是无边的沙漠和辽阔的天空，正呼应了人物的动作与情态。

图 2-33　电影《我和我的祖国》之"白昼流星"演员合影及海报

4. 近景

拍到人物胸部以上的景别，称为近景。近景的屏幕形象是近距离观察人物的体现，所以近景能清楚地看清人物的细微动作和面部表情，是人物之间进行感情交流的主要景别，电影、电视剧中重要的人物对话镜头多用近景。近景能使观众产生较强的接近感，利于观察持续细致，同时，由于近景中人物面部展现十分清楚，人物面部缺陷在近景中也会得到突出表现，因此在造型上要求更加细致，无论是化装、服装、道具都要追求逼真和生活化，不能露出破绽。

近景中一般只有一人做画面主体，其他人物或景物往往作为陪体或背景处理。而且，由于近景中环境退于次要地位，画面构图应尽量简练，避免杂乱的背景干扰视线，因此常用长焦镜头拍摄，虚化背景。

在实际的创作中，我们认为从中景到近景的跨度还是比较大，于是寻求一种介于中景和近景之间的景别，这就是表现人物常用的"中近景"，这种景别表现的主要是人物腰部以上的上半身的画面，所以我们也把它称为"半身镜头"。这种景别不是常规意义上的中景和近景，一般情况下，处理这种景别的时候，是以中景作为依据，还要充分考虑对人物神态的表现。正是由于它能够兼顾中景的叙事功能和近景的表现功能，所以在影视剧和电视节目制作中，中近景景别运用得越来越多。

我们发现，现在大银幕电影越来越普及，电视屏幕也越来越大，因此，大景别运用越来越多，影视画面中的大远景、远景画面配合大屏幕给观众留下深刻印象，它们表现出来的深远辽阔、气势宏大的场面，给人极大的震撼。但是，现在通过手机观看影视剧、视频节目也日益成为日常观看影像的主流趋势，大银幕上的大景别效果在小屏幕画面中就不能充分表现出来了，所以，利用网络传播的视频节目中还是小景别，比如近景、中景等使用比较多，这样有利于观众看清画面并进行细致观察。所以，一般来说，大屏幕适合用大景别，小屏幕适合用小景别。如果一部网络剧中耗费巨大财力和人力拍摄大量航拍镜头，那就有点多此一举，因为当人们通过手机观看网络剧时，无法充分领会航拍镜头的深远辽阔，甚至连画面内容也无法看清楚，只能枉费制作者的一番心思。

5. 特写

拍摄人物肩部以上的画面，称为特写景别，特写镜头表现的就是人物的头像。从画面特征来看，特写镜头视角最小，视距最近，画面细节最突出，这是不同于生活现实的一种特殊视觉感受，相当于我们在现实生活中贴近人物进行观看。因此，从表现上来看，特写画面是以细微地表现人物的外貌特征、面部表情为首要任务，因为这样才能更深入地刻画人物形象，展现人物关系。这就对演员的表演提出了更高的要求，他们要通过面部形象将内心活动、人物性格等深层次内容传递给观众，并引起观众的情感共鸣。

特写镜头除了表现功能之外，对于影视作品的叙事和节奏的安排也起到一定作用。因为画面内容少，因此可以制造悬念；因为可以突出细节，因此可以提示信息；因为视距拉近，因此可以加快节奏。

特写镜头还有一个重要的作用，就是转场。由于特写画面视角小、景深小、景物成像尺寸大、细节突出，所以观众的视觉已经完全被画面的主体占据，这时候环境完全处于次要地位，可以忽略。同时，特写画面对观众的情感带入也比较强烈，这也使得他们不易观察画面中对象所处的环境，因而我们可以利用这样的画面来转换场景和时空，避免不同场景直接连接在一起时产生的突兀感。比如，我们在观看图2-34中《我和我的祖国》的特写画面时，就不会注意人物背后虚化的背景，也不会用心去思考那个模糊的形象是什么。

还有一种比较极致的景别是大特写，景框中包含人物面部的局部，或突出某一拍摄对象的局部。比如让演员的眼睛充满银幕的镜头就称为大特写镜头。大特写的作用和特写镜头是相同的，是用一种较为夸张的手法来放大某种细节，使画面在艺术效果上更加强烈，对人物心理的刻画更加清晰。

图 2-34 电影《我和我的祖国》特写画面

(三)镜头段落中的景别

镜头段落就是表现一段完整情节的若干镜头组成的画面段落,如果说一个镜头是一个句子,那么一个镜头段落就是文章的一个自然段。一个镜头段落往往是在一个场景里拍摄的一段戏,但是由于镜头组接的结构关系,镜头段落也可能是多个场景镜头的组合。

1. 镜头段落中景别的作用

不同的景别往往表现不同的视野、空间范围、叙事特征、视觉韵律和节奏。综合来看,可以概括为:"远观其势,近取其神。"根据不同景别在镜头段落中的表现作用不同,我们将镜头分为三类:①定位镜头,往往是全景镜头,用来定位或定向,交代环境、人物关系等;②切入镜头,主体局部的特写镜头,用来刻画细节,反映主体内在特征,加快节奏;③切出镜头,也称为"旁跳镜头",表现环境的多种景别镜头,用来烘托主体、减缓节奏。比如,图 2-35 中贾樟柯的微电影《一个桶》中,主人公千辛万苦将临行时母亲准备的一个重重的桶搬回了家,疲惫不堪地坐在沙发上,全景镜头中他望着眼前这个桶,充满疑虑,又夹杂着埋怨。接下来,就是他打开桶,拿出沙子下面埋藏的鸡蛋,特写镜头表现鸡蛋上面不同的标签,还有主人公逐渐解除疑虑,消除埋怨,升起感动的面部特写,这就是切入镜头的刻画作用和节奏效果。

图 2-35 微电影《一个桶》中的定位镜头和切入镜头

2. 镜头段落中景别的顺序

我们可以看到,在镜头段落中,镜头景别往往按照循序渐进的方式进行组接,不会给人很大的视觉跳跃,这样可以使镜头连接顺畅,景别过渡自然,形成了三种蒙太奇句型:第一种是前进式句型,指景别由远景、全景向近景、特写过渡,用来表现由低沉到高昂向上的情绪和剧情的发展;第二种是后退式句型,指景别由特写、近景到全景、远景过渡,由近到远,表示由高昂到低沉、压抑的情绪,在影片中表现由细节扩展到全部;第三种是环型句型,把前进式和后退式的句型结合在一起使用,由远景、全景、中景、近景到特写,再由特写到近景、中景、全景、远景,表现情绪由低沉到高昂,再由高昂到低沉。这类句型一般在影视故事片中较为常用。这种蒙太奇句型的运用规律为我们在后期剪辑中对景别的安排提供参考。

四、主观角度与客观角度

前面讲的由拍摄方向、高度、景别所形成的角度可以看作镜头的拍摄角度,是由于摄像机的光轴方向、焦距长短以及距离对象的远近等因素变化而形成的外在因素。那么,镜头角度还具有一种内在属性,那就是从观众的视角和心理层面考虑所形成的主观角度和客观角度。

(一)主观角度

主观角度就是代表剧中人物的视角,也就是镜头的内容是剧中人物所见的内容。这种角度的镜头能够引导观众与剧中人物的视角保持一致,因此可以更好地体会剧中人物的切身感受,这是将观众带入剧情的一种技术手段。图 2-36 中左边的图是动画电影《疯狂动物城》中的一个主观镜头,兔警察朱迪在街头看到狐狸尼克在房顶做着不法勾当,这个画面是以朱迪的视角来看的,因此观众和朱迪一样,事先是不知情的,当看到这一幕时,同样有种错愕不解的心理,于是,就像画面中的朱迪一样,整个人都惊呆了。主观镜头能够产生这种局中人的效果,先制造悬念,然后释疑解惑,观众就深陷其中,不能自拔。这种效果的形成离不开主观镜头与客观镜头的适当转换,也就是说,主观角度与客观角度是交替使用、相互呼应的。

(二)客观角度

客观角度代表创作者和观众的视角,相当于客观地叙述所发生的事情。图 2-36 中右边的图就是客观角度镜头,这个镜头中兔警察朱迪惊愕的表情与之前观众看到主观镜头时的心境是一致的,这就是同理心、共鸣感的强化。同时,观众在观看这个镜头时,是一种局外人、旁观者视角,同时也是一种全知的视角。也就是说,观众站在剧情的全知角度来理解这个镜头:朱迪已经掌握了尼克坑蒙拐骗的证据,她会采取一些行动。客观镜头可以用来引导观众客观地推测剧情的发展方向,这是他们理解叙事、联系情节的必要手段,所谓"引人入胜"也就是在这不经意的主客观视角的转换之中。

图 2-36　动画电影《疯狂动物城》主观镜头（左）与客观镜头转换（右）

第四节　固定镜头与运动镜头

对于很多摄像新手来说，他们总是喜欢拍摄一些运动的镜头，似乎这样才能体现出拍视频和拍照片的区别。这里需要提醒的是，要注意摄像机的过度运动和过度变焦，如果画面里没有什么东西在活动，那就让摄像机保持不动，美感不是靠摄像机漫无目的的活动产生的，而是靠景物本身。如果不停地移动摄像机，就容易把观众的注意力吸引到摄像机身上，而非你想要表达的人或物上，若想要有所变化，给观众提供不同的视角，可以改变摄像机的拍摄角度，也就是我们前面所讲到的拍摄高度、拍摄方向和景别，即使拍摄对象本身静止不动，不同的角度也会给观众提供足够的变化，使观众对事物有全方面的了解，从而保持他们的兴趣。实际上，我们在拍摄的过程中，主要是拍摄固定镜头。

一、固定镜头

这里所说的镜头并不是指摄像机的物理器件，而是指我们在拍摄的时候，从一次开机到一次关机之间所摄录的一段画面。所谓的固定镜头，是在拍摄一个镜头的过程中，摄影机机位、镜头光轴和焦距都固定不变，也就是我们常说的"三不变"。不过需要注意的是，固定镜头拍摄的被摄对象可以是静态的，也可以是动态的。

固定镜头是一种静态造型方式，它的核心就是画面所依附的框架不动，但是它又不完全等同于美术作品和摄影照片，因为画面中人物可以任意移动、入画出画，同一画面的光影也可以发生变化。

（一）固定镜头的表现优势与缺点

1. 优势

首先，固定镜头有利于表现静态环境。在对会场、庆典、事故等事件性新闻的编辑中，常常用远景、全景等大景别固定画面，交代事件发生的地点和环境。

其次，固定镜头能够比较客观地记录和反映被摄主体的运动速度和节奏变化。运动镜头由于摄像机追随运动主体进行拍摄，背景一闪而过，观众难以与一定的参照物来对比观看，因而也就对主体的运动速度及节奏变化缺乏较为准确的认识。

最后，固定镜头由于其稳定的视点和静止的框架，便于通过静态造型引发趋向"静"的心理反应，给观众以深沉、庄重、宁静、肃穆等感受。因此，我们在编辑镜头时，可以利用固定镜头在心理感受上与运动镜头偏向"动"的心态的不同之处，来为所表现的内容和主题服务。

2. 缺点

固定镜头也有表现方面的缺点，主要表现在视点单一、景物集中，一个镜头很难实现构图的变化。另外，固定镜头对活动轨迹和运动范围较大的被摄主体难以很好地表现。以一部视频作品来说，如果编辑中用太多固定镜头，容易造成零碎感，不如运动画面可以比较完整、真实地记录和再现生活原貌。

3. 要注意的问题

由于固定镜头的画框是固定的、有限的，观众事先被限制在有限的空间里，但是我们不能鼠目寸光，狭隘自缚，因为还要考虑空间的拓展和延伸，甚至还有无限的画外空间、想象空间。这是由画面中的方向和纵深这两个因素决定的。

（1）画面中的方向

前文我们曾经提到过，由于画面中的方向问题，需要给画面"留白"。其中的原理究竟是什么呢？

画面中的图形、指向的标志、运动等，都是有方向的，虽然在固定镜头里面，我们表现的景物是有限的，但是由于方向的存在，所以画外空间实际上是可以表现或想象的，这就需要引起我们的注意。比如说画面中的图形线条能够将人的视线引向特定的方向，我们前面学过水平线条就是向两边延伸的，而垂直线条是向天空延伸的；还有一种方向是画面的一些指向，比如一些箭头等标志，或者是看向、指向某个方向的人，这些指示都会引导观众的视线；另外就是运动的物体，比如行走的人、沿公路行驶的汽车、飞行中的鸟，这些都会构成一种运动方向，在固定画面中，运动的物体往往会入画再出画。我们要明白，由于有方向的存在，我们要考虑画外空间的延伸，所以在固定镜头拍摄的时候，要有足够的空间预留。

在固定画面中，视频画框的边缘像磁铁一样，会将物体吸向自己，这种拉力在屏幕的上下边缘表现得尤为强烈，比如，如果拍摄对象的头顶触到了屏幕的顶端，它的头看起来就会显得被拉了上去，甚至像被粘到上面，要想抵消这种向上的拉力，就必须在头顶留出适当的空间，即头顶空间。适当的头顶空间会使画面中的形象看起来很舒服，但是如果头顶空间留得太多，屏幕的底部又会施力，从而使人看起来像被拉了下去。镜头的两侧边也有类似的图像引力，尤其是当人物朝向屏幕的某一侧时，情形更是如此。看到图 2-37 中的画面，会有什么感觉？图上的人好像被拉向屏幕的左侧边缘。好的构图要求在人物的鼻子之前留出一定的呼吸空间，以抵消人物的视线和屏幕侧面的拉力，这就是为什么这种引导空间被叫作鼻前空间，图 2-38 中的画面就预留了足够的鼻前空间，这种构图看着更舒服。当我们拍摄向画面两侧移动的人物的时候也同样如此，必须在其运动的前方留出一定的空间，以指明前进的方向，这也是一种引导空间，给移动中的人和物留出合适的引导空间并不是一件容易的事情，尤其是在物体快速运动的时候。

图 2-37　没有鼻前空间

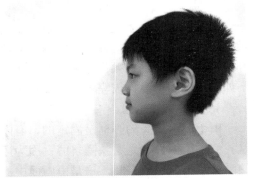

图 2-38　预留鼻前空间

除了屏幕中方向所带来的画面空间的延伸之外，其实在观众的心里，还会根据画面的线索来进行画面信息的补充，在脑海里形成稳定而完整的画面，这叫作心理补足。比如我们看到图 2-39 中由三条线段组成的布局，虽然我们看到的是三条彼此分离的线段，但是却能感觉到一个完整的三角形，通过心理补足，我们的大脑会自动填充缺失的线条，所以，当我们看到一个特写画面时，虽然只能在屏幕上看到人的头部和肩部，但大脑会自动补足人物缺失的身体部分。

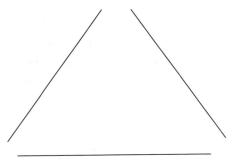

图 2-39　不完整的三角形

那么，图 2-40 中的两个大特写镜头，你认为哪一个比较好呢？有人认为左边这幅比较好，因为看上去人的脸是比较完整的，而右边这幅图中，人的头部被切掉了一部分，所以说是不完整的。我们的感官机能愿意在画框内看到稳定的结构，比如头部构成的这个圆圈，尽管我们天然的感知很喜欢这个圈状的结构，但经验却与之相反，它告诉我们，头下面还应该有身体，这也是我们对这种构图感到不舒服的首要原因。但是实际上，右边这幅的取景更好，为什么呢？因为右边这幅的构图提供了充足的视觉线索，让头和脖子的曲线延伸，容易让人想象屏幕之外的部分，相反，左边这幅的构图并没有给我们提供任何视觉线索，我们无法想象屏幕外的东西。也可以理解为左图比较封闭，没有想象空间，右图比较开放，有想象空间。

 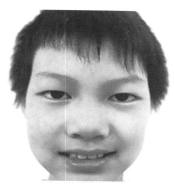

图 2-40　画面的心理补足（左：没有想象空间；右：可以心理补足）

（2）画面的纵深

我们现在的视频画面主要还是二维图像，但是实际上它也是存在纵深空间的，在固定画面里，所有的景物都被放在固定的画框内，我们要利用纵深空间来突破画面的局限。画面的纵深也可以称为"空间深度"，或者叫"景深"，是指画面在纵深方向上的清晰程度或者范围，后面我们会专门讲解这一点。如果将摄像机对准无云的天空，那么景深是显不出来的，也就是画面是没有纵深空间的，所以想要表现景深，就必须在画面纵深空间上安排人或物，确定明确的前景、中景和背景。比如，在图 2-41 中，就有明确的前景拉网的渔夫，中景就是沙滩和拉网的妇女，背景就是远处的大海和天空，这样的纵深感是比较强的。当使用广角拍摄的时候，镜头被拉到最大范围，纵深会延长，景物之间的相对位置看上去比实际分得更开；当改用长焦拍摄，也就是将镜头推到底，这时候我们看到纵深比较短，物体之间的距离也好像缩短了。比如，我们常说的大景深画面和小景深画面，大景深画面清晰范围大，画面的纵深感更强，更具有透视感；而小景深画面清晰范围小，背景往往是虚化的，这样可以在不脱离周围环境的情况下，向观众展示构图中重要的目标，视点非常集中。

拍摄固定镜头时，要特别注意画面的纵深空间。当前景和背景之间没有纵深感

图 2-41 画面的纵深空间（张滨淏：拉网）

时，就会合到一个构图中，产生一种错觉，比如著名的意大利比萨斜塔，由于有一定的倾斜度，人们到该地旅游时总要拍摄一张与它互动的照片，或是倚靠，或是拳击，或是脚踢，搞笑怪异。当然，有时候我们看到消除纵深空间也能富有创意。图 2-42 中，虽然前景中的男孩与墙面背景上飞翔的图画有一定的距离，但是由于纵深感的消除，看着觉得在一个平面上。又由于我们喜欢稳定的环境，所以，往往会将背景中的物体与主体视为一体，运用不好会显得不协调，运用得好才有趣味。

图 2-42 没有纵深感的创意画面

二、运动镜头

拍摄固定镜头时摄影机机位、镜头光轴和焦距都固定不变，因此画面框架是不变的。那么，这"三不变"只要一个要素变化，画面框架就会发生变化，就形成了运动镜头。镜头的运动常被称为画面的外部运动，是相对于画面主体本身的内部运动而言的。运动镜头在一个连续的画面中表现场景的转换和角度的变化，对观众的视线有很好的牵引作用，基本的运动镜头包含推、拉、摇、移、跟、升、降、甩等，每一种运动方式都有各自的特点和表现作用，要用得恰到好处才能锦上添花。下面我们就来看看运动镜头有哪些表现力。

（一）运动镜头的类型及其表现作用

1. 推拉镜头

推拉镜头一般是通过摄像机焦距的变化来实现画面框架的变化以及被摄主体景别的变化。一个推拉镜头一般包括起幅、推拉过程、落幅三个阶段，这里所谓的起幅和落幅，相当于在推拉镜头开始和结束的地方保留两个固定画面。

实际上，推拉镜头的起幅和落幅比推拉的过程还要重要，为什么这样说呢？首先，我们要搞清楚选择推拉镜头的目的。推是指镜头焦距由短到长，画面框架由远及近向被摄主体推进，主体由较大景别向较小景别过渡，一般最后落在主体的特写画面上。推镜头实际上是要引导观众去追寻细节，起幅有悬念，落幅有答案，所以一定要有足够的时间让观众触景生情。拉镜头正好相反，它是画面框架由近及远地远离被摄主体，主体从小景别向大景别过渡，视觉中心由主体到环境，起幅有情绪，落幅有气势，也需要足够的时间让观众有豁然开朗之感。其次，为了画面的完整以及后期剪辑的方便，我们在保留一定时间的起幅和落幅时，一般要至少停留5秒钟，如果条件许可，可以拍得更久些，比如10秒钟左右，那么，在后期编辑的时候，就可以把一个推拉镜头当作3个镜头来使用，即两个固定镜头与一个推拉镜头。

由于推拉镜头有很强的视线牵引作用，所以，有两个重要的原则需要遵守。第一个原则是推拉过程中速度要均匀，镜头推拉的速度主要与影片的节奏和情感的张弛有关，推拉得快，则节奏快、情绪紧张，推拉得慢，则节奏慢、情绪舒缓。如果推拉镜头时快时慢，观众就会无所适从。第二个原则是落幅要一次性完成，这里是指聚焦和构图都要一次性完成，如果我们在推进或者拉出后发现画面虚焦或者构图不准确，是不能二次聚焦或者调整构图的，必须重新拍摄，这样做也是为了更直接地向观众展现画面的表现意图。总之，推拉镜头都是画面随着镜头推进或拉开而形成新形象和意义，促成观众随镜头的运动不断调整思路，去揣测画面构图中的变化所带来的新意义、引发的新情节，这样逐次展开场面形成的两极镜头，也就是全景和特写，所产生的画面冲击是极易抓住观众的视觉注意力的。

79

2. 摇摄镜头

摇摄镜头是摄像机对拍摄对象进行上下或左右的运动拍摄，相当于一个人在一个点上摇头环顾的感觉。摇摄镜头的运动形式是多种多样的，比如水平移动镜头的水平横摇、垂直移动镜头光轴的垂直纵摇、中间带有停顿的间歇摇、摄像机旋转一周的环形摇、各种角度的斜摇、摇速很快形成的甩镜头等。不同形式的摇摄镜头有着不同的画面表现意义，拍摄摇摄镜头时，只有摄像机光轴以摄像机为中心进行运动，摄像机的机位和焦距都是不变的。摇摄镜头的画面框架发生了以摄像机为中心的运动，观众的视野随着镜头扫描过的画面内容而相应变化，画面变换的顺序就是摄像机摇过的顺序，这样的画面空间排序不是后期编辑形成的，没有破坏或分隔现实的原有排序，忠实地还原了现实的空间关系。

3. 移动摄像

在空间的表现上，移动摄像能够获得更广阔的视野，移动摄像一般是摄像机架在轨道车上随之运动而进行平行移动拍摄。与摇摄不同的是，移动摄像是摄像机机位移动带来的画面变化。移动摄像是以人们的生活感受为基础，依次从画面一侧移向另外一侧，在现实生活中，人们并不总是处于静止的状态中观看事物，也就是像摇摄镜头那样，有时候人们在行进中边走边看，或走近看或者退远看，有时在汽车上通过车窗向外眺望，移动摄像给人的就是这种感觉。摄像机的移动使得画面框架始终处于运动之中，画面类的物体不论是处于运动状态还是静止状态，都会呈现出位置不断移动的态势，移动镜头表现的画面空间是完整而连贯的。根据摄像机移动的方向不同，移动摄像可以分为前移、后移、横移和曲线移等，在移动摄像的画面中，被摄对象没有近大远小的透视变化，但是画幅框架的限制被突破了，我们坐在火车上，车窗就是取景器，画面的边框随车辆的运行而移动，透过车窗，我们就可以充分体验因移动摄像而扩大视野的真谛所在，航拍其实也是一种移动摄像，这种移动摄像的范围更大，视野更开阔。

4. 升降拍摄

升降拍摄是借助升降装置等摄像机一边升降一边拍摄的方式，升降镜头的升降运动会产生视野开合度的变化，摄像机的机位就如同人的站位，登高而望远，当摄像机的机位升高之后，视野向纵深逐渐展开，就能越过某些景物的屏蔽，展现出由近及远的大范围场面，当摄像机的机位降低时，镜头距离地面越来越近，所能展示的画面范围也渐渐逼仄起来，因此，升降拍摄手法很适于表现人物和环境的关系。我们可以在有观光电梯的地方体验升降时所见景物的变化关系，或者在观光电梯上用摄像机实地拍摄，这样体验会更加深刻。

5. 跟拍

运动摄像里面还有一种跟拍，也就是跟随拍摄，这样的镜头表现的对象是在运动，摄像机也是在运动。跟随拍摄是摄像机始终跟随运动的被摄主体一起运动而进行的拍摄。镜头的运动速度与物体的运动速度保持一致，主体在画面上的位置和面积相对稳定，而背景空间始终处于变化之中。有的跟拍从被摄主体的正面拍摄，这时摄像师是倒退拍摄，这种镜头适合表现长距离运动中的人物的面部表情，还有摄像师在人物背后或旁侧跟随拍摄，背面跟拍可以营造一种和画面内人物相同的视线和感受，同时一步步深入一个个陌生场景，是一种主观视角同时具有悬念的跟拍。侧面跟随的镜头拍摄的是横向运动，横向运动是平面画面上速度最快的一种运动。跟拍的主要表现作用在于环境在变化，而人物主体在花框中的位置相对稳定，其运动保持连贯，进而有利于展示主体在运动中的动态和动势。

　　其实，每一种运动摄像的表现力都是很强的，而在现实运用中，常常综合采用几种运动方式，使镜头的表现效果最大化。

第三章　视频编辑基础

第一节　蒙太奇原理

影视艺术发展 100 多年来，在无数次制作实验与实践中，逐渐形成了影视拍摄与编辑的基本法则和规律。正如前面我们讲过的视频拍摄基础理论，视频编辑也是有法可依的。

在电影诞生之初，是不存在剪辑概念的，早期的电影其实都是由一个镜头构成的，比如图 3-1 中卢米埃尔兄弟的《火车到站》《工厂大门》《水浇园丁》《婴儿的午餐》等，就是将摄像机固定在一个位置上拍摄的一个镜头。

图 3-1　电影《火车到站》(左上)、《工厂大门》(右上)、《水浇园丁》(左下)、《婴儿的午餐》(右下)画面

一、库里肖夫经典实验

电影镜头组接的概念是在后来的电影实践中逐渐形成的。其中非常著名的库里肖夫实验在镜头组接关系上做了关键的探索。库里肖夫是莫斯科电影大学的教授，他从电影胶片剪辑车间收集了大量的废旧胶片，他先分析镜头的内容和属性，然后设计组接方案，并将同一组接镜头段落给不同人观看，将用不同组接方法和技巧合成的镜头段落给相同的人观看，每次看完后都进行问卷调查，了解观众看到了什么、如何评价主要角色和故事情节、有什么心理感受，最后，总结镜头组接功效和叙事技巧的规律。

其中，有两个经典的实验值得一提。第一个就是手枪实验。

实验选择了以下三个镜头：

1. 男子哈哈大笑；

2. 一把手枪；

3. 男子惊慌失措。

实验设计中用不同顺序组接这三个镜头，然后调查人们对角色的认识。1—2—3的顺序给观众的印象是此男子非常胆小，3—2—1的顺序给观众的印象是这个男人是个英雄。这个实验说明，镜头的顺序决定了情节的性质，在这个镜头段落里面，改变性质的关键是手枪这个镜头，男子先哈哈大笑，再看到手枪指着自己，立刻变得惊慌失措，在现实里这就是胆小鬼的表现；反过来，他开始惊慌失措，看到手枪对着自己，反而哈哈大笑起来，给人感觉就是他临危不惧，视死如归，是个不怕死的英雄。总之，这位男子是胆小鬼还是英雄，取决于剪辑时的镜头顺序。

第二个实验就是中年男子实验。

实验中的镜头和顺序是这样的：

A镜头：中年男子毫无表情的脸。

B镜头有三种选择：1. 一碗水；2. 小女孩；3. 棺材。

A镜头：中年男子毫无表情的脸。

我们可以看到三组不同的组合：第一组是A—B1—A，看到这组镜头，观众自然会联想到男子可能非常想喝水，他的表情是非常口渴难耐的状态；第二组是A—B2—A，这时候观众可能会想到男子对自己的孩子非常喜欢，表现出喜欢的表情；第三组就是A—B3—A，这时候观众可能会联想到男子因为亲人离去而非常伤感，他的内心是悲伤的。这个镜头段落告诉我们，当产生新的组接之后，原本没有意义的镜头会产生新的意义，因为上下镜头相互作用会产生截然不同的结果。

库里肖夫通过实验的方法看到镜头结构的可能性、合理性和受众的心理基础，他得到的结论就是：引起观众情绪反应的并不是单个镜头的内容，而是几个镜头之间并列的效果。这种电影艺术就是蒙太奇，蒙太奇几乎是电影的同名词，它是在电影实践和实验中产生的规则和技巧。

二、蒙太奇原理

(一) 蒙太奇的概念

蒙太奇是法文 Montage 的中文音译，原是法语建筑学上的一个术语，意为构成和装配，后被借用过来，用在电影上就是剪辑和组合，表示镜头的组接。蒙太奇是根据影片所要表达的主题思想和观众的心理需求，将一部影片拆分成许多不同镜头进行拍摄，然后再根据创作意图拼接起来，它既指镜头组接和转换安排的方法，也指这些方法使用后在观众心理所产生的视听效果。

对蒙太奇理论建构做出巨大贡献的还有两位电影大师：普多夫金和爱森斯坦。普多夫金是库里肖夫的学生，爱森斯坦曾是库里肖夫的助手。如果说库里肖夫强调镜头间的冲突，那么，普多夫金则强调镜头的结构，他认为，一部影片就是经由“各种不同的视觉形象的组合”而得到生命的。而在爱森斯坦看来，蒙太奇不仅是镜头组接的一种技术方式，更是一种思维方式和哲学理念。他认为，“任意两个片段并列在一起必然结合为一个新的概念，由这一对列中作为一种新的质而产生出来”，蒙太奇“连贯地、有条理地叙述主题、情节、动作、行为，叙述一段戏内部和整个电影故事内部运动”，并且“不仅仅是逻辑连贯的叙述，而恰恰是最大限度富于感情的、充满情感的叙述”。[①] 爱森斯坦在 1925 年拍摄的革命电影《战舰波将金号》，被认为是蒙太奇理论的艺术结晶，片中著名的“敖德萨阶梯”(如图 3-2 所示)被认为是蒙太奇运用的经典范例，其基本的剪辑原则和理念现在仍然适用。

图 3-2　电影《战舰波将金号》之“敖德萨阶梯”

---

① [苏]爱森斯坦：《蒙太奇论》，富澜译，中国电影出版社 2003 年版，第 277、278、279 页。

"敖德萨阶梯"这个段落大约 6 分钟，但是用了 150 多个镜头，平均一个镜头不到 3 秒钟，爱森斯坦将不同姿态、不同运动方向、不同景别和不同长度的镜头剪辑在一起，使镜头之间相互呼应和关联，从而产生了新的时间和节奏，形成一种形式上的紧张气氛。

蒙太奇作为电影创作的主要叙述手段和表现手段之一，就是将一系列在不同地点，从不同距离和角度，以不同方法拍摄的镜头排列组合起来，叙述情节，刻画人物。凭借蒙太奇的作用，电影享有了时空上的极大自由，甚至可以构成与实际生活中的时间、空间并不一致的电影时间和电影空间。

（二）蒙太奇的类型

在镜头的组接中，不是 1+1=2，而是 1+1≥2。电影要叙述情节、构建时空、表达感情、渲染气氛，就离不开蒙太奇。根据影视内容的叙述方式和表现形式的不同，蒙太奇主要分为叙事蒙太奇和表现蒙太奇。

1. 叙事蒙太奇

叙事蒙太奇指连续性的、按照时间逻辑顺序分段衔接，即表达情节的发展和动作的连贯，用以推动整个剧情的发展。叙事蒙太奇的特征是以交代情节、展示事件为主旨，按照情节发展的时间流程、因果关系来分切组合镜头、场面和段落，从而引导观众理解剧情。这种蒙太奇组接脉络清楚，逻辑连贯，明白易懂。叙事蒙太奇主要包括以下几种类型：连续蒙太奇、颠倒蒙太奇、平行蒙太奇、交叉蒙太奇、重复蒙太奇。

（1）连续蒙太奇和颠倒蒙太奇

叙事蒙太奇中最常用的是连续蒙太奇，它往往是按照时间顺序推进故事情节，有节奏地连续叙事，或者在镜头组接上展现动作的连续性和逻辑上的因果关系。这种叙事自然流畅、朴实平顺，最符合生活的逻辑，但由于缺乏时空与场面的变换，无法直接展示同时发生的情节，难以突出各条情节线之间的队列关系，不利于概括，易有拖沓冗长、平铺直叙之感，因此，在一部影片中，往往用于整体叙事结构的安排，绝少单独使用，多与平行、交叉蒙太奇手法交混使用，相辅相成。

张艺谋的电影《活着》从总体上来看以连续推进的方式讲述了主人公福贵一生的经历，青年福贵因为豪赌败光家产，借来皮影，卖艺为生，后入军队，颠沛流离，战后回家，和妻子家珍过着平常日子，个人命运融入时代洪流，后来丧儿失女，老两口最后带着孙子依然笑对生活，憧憬未来。福贵曲折的生命经历诠释的就是活着的真谛：活下去就是活着。电影《泰坦尼克号》是以沉没邮轮的遗骸被发现，一幅油画浮出水面为开端，画上是一位美女佳人，白发苍苍的老奶奶露丝闻讯赶来，称画中美人就是她，人们半信半疑，于是她讲述了那段久远的惊心动魄的往事，如图 3-3 所示。回顾事件恰恰是颠倒蒙太奇的主要表现手法，它先展现事件的现状，再描述其始末，类似文学中的倒叙。

85

图 3-3　电影《泰坦尼克号》剧照

（2）平行蒙太奇和交叉蒙太奇

在叙事蒙太奇中，最奇妙的还是平行蒙太奇和交叉蒙太奇，电影情节的精彩往往就体现在这两种蒙太奇的运用上。

平行蒙太奇就是将不同时空（或同时异地）发生的两条或两条以上的情节线并列表现，分头叙述而又统一在一个完整的结构之中。简单地说，就是两条以上的线索分开表现，不同地点同时发生的事件交替出现，或两种时间错杂表现。平行蒙太奇应用广泛，首先，因为用它处理剧情，可以删减一些不必要的过程，以利于概括集中，节省篇幅，扩大影片的信息量，并加强影片的节奏；其次，由于这种手法是几条线索平行表现，相互烘托，形成对比，易于产生强烈的艺术感染效果。泰国微电影《垃圾侠》有两条平行展开的故事线索：一条线索是老师批阅学生以"你心中的英雄是谁"为题的绘画作业；一条线索是小胖放学后赶去帮妈妈扫马路。最后老师从疑惑到会心一笑，小胖也成为"垃圾侠"站在马路边守护母亲，两个画面叠加在一起，获得一个圆满的结局，如图 3-4 所示。

图 3-4　泰国微电影《垃圾侠》剧照

与之相比，交叉蒙太奇表现的则是同一时间不同地域发生的多个情节，且是迅速、频繁地交替表现，强调二者具有严密的同时性和相互依存的联系。交叉蒙太奇又称"交替蒙太奇"，它将同一时间不同地域发生的两条或数条情节线迅速而频繁地交替剪接在一起，其中一条线索的发展往往影响另外的线索，各条线索相互依存，最后汇合在一起。它是平行蒙太奇的发展和延伸，交叉出现的镜头和场景有时表现为因果，有时相互影响和关联，有时是完全相反因素的交叉，揭示出事物的本质。这种剪辑技巧极易引起悬念，造成紧张激烈的气氛，加强矛盾冲突的尖锐性，是掌握观众情绪的有力手法，惊险片、恐怖片和战争片常用此法构造追逐和惊险的场面。

　　电影史上交叉蒙太奇的典型代表就是格里菲斯的《党同伐异》，其中的经典段落"最后一分钟营救"被广泛运用（如图 3-5 所示），与我们在影视作品中看到的"刀下留人"有异曲同工之妙。

　　影片把工人一步步走上绞架和工人的妻子追赶火车这两个场面的镜头反复交替出现，最后，在工人的脖子被套上绞索这个千钧一发的时刻，他的妻子挥舞着赦免令及时赶到了。交叉蒙太奇常用来营造紧张激烈的气氛，加强矛盾冲突的尖锐性，容易引起悬念，吸引观众的注意力。

图 3-5　《党同伐异》"最后一分钟营救"

（3）重复蒙太奇

　　重复蒙太奇就是将具有戏剧因素的各种电影手段，如人物、场面、景物、对话、道具、细节、动作、角度等反复表现，构成强调，形成对比，推动情节发展和表达主题意义。重复蒙太奇相当于文学中的复叙方式或重复手法。在印度电影《贫民窟的百万富翁》中，拉蒂卡在火车站转身后仰望贾马尔，笑容灿烂纯真，画面明亮清新，如图 3-6 所示。这个逐渐拉近的镜头在影片中多次出现，是贾马尔心中的希望和光明，代表他们纯真的爱情。在这种蒙太奇结构中，具有一定寓意的镜头在关键时刻反复出现，以达到刻画人物、深化主题的目的。

图 3-6　电影《贫民窟的百万富翁》剧照

2. 表现蒙太奇

电影以情节取胜，常用的就是叙事蒙太奇。不过，表现蒙太奇也常常起到画龙点睛的作用。表现蒙太奇产生的画面组接关系不是以情节、事件的连贯性为目的，而是表现某种感情、情绪、心理或思想，给观众造成心理上的冲击，激发观众的联想和思考，具体包括：隐喻蒙太奇、对比蒙太奇、心理蒙太奇、抒情蒙太奇。

（1）隐喻蒙太奇

隐喻蒙太奇是指通过镜头及镜头的排列组合，表达一种超越画面形象的深层寓意或者创作者对某个事件的主观情绪。隐喻蒙太奇往往是将类比的事物之间具有某种相似的特征表达出来，以引起观众的联想，领会创作者的寓意和领略事件的主观情绪色彩。用来隐喻的要素必须与所要表达的主题一致，并且能够在表现手法上补充说明主题，而不能脱离情节生硬插入，这一手法要求必须运用贴切、自然、含蓄和新颖。

比如，红色是血液的颜色，既可以隐喻生命，也可以隐喻死亡。著名电影《辛德勒的名单》中就运用了红色的隐喻，全片都是黑白色的，但是在德军屠杀犹太人的场景中，一位穿红色衣服的小女孩格外耀眼，给观众极大的视觉冲击，这里隐喻着一种生命的象征在死亡的地狱里游走，辛德勒看见她时，找回了自己的灵魂，如图 3-7 所示。而在接下来的镜头中，小女孩的尸体出现在运尸车上，还是穿着红色的衣服，却失去了生命的光彩，这里隐喻屠杀者扼杀了最后一点温暖的颜色，导演用这种视觉效果和蒙太奇手法凸显了战争的残酷和冷血，比那烽烟滚滚、血肉模糊的战争场景更能直击内心。

图 3-7　电影《辛德勒的名单》剧照

（2）对比蒙太奇

对比蒙太奇是指通过镜头、场面或段落之间在内容上或形式上的强烈对比，产生相互强调、相互冲突的作用，以表达创作者的某种寓意或强化所表现的内容、情绪和思想。画面内容的对比主要包括事件的性质、人物的形象、人物的地位、人物的生活环境、人物的性格品质对比等，比如好事和坏事，胜利和失败，人物贫与富、苦与乐、生与死、高尚与卑下等都可以形成对比，《巴黎圣母院》里面就将美丽与丑陋、善良与邪恶进行了对比；画面形式的对比主要包括我们前面谈到的构图元素和摄像方法的对比，比如光线的明暗、色彩的冷暖、景别的大小、角度的仰俯、声音的强弱、镜头的动静等都可以进行对比。

在印度电影《贫民窟的百万富翁》中，最后以两兄弟不同的境遇为结局，弟弟获得百万大奖，哥哥死在钱堆里。这一生一死的对比也透射出两人不同的人生信念。在残酷的现实面前，两人都是执念很深，为达目标勇往直前的人，只是他们选择了不同的人生道路，一个为了梦想决不放弃，从未失去善良与纯真，一个为达目的不择手段，最后走上不归路。

（3）心理蒙太奇

心理蒙太奇是指通过镜头画面或声音的组接，直接而生动地表现人物的心理活动、精神状态，如人物的闪念、回忆、梦境、幻觉以及想象等心理，甚至是潜意识的活动，是人物心理造型的表现。这种手法往往用在表现追忆的镜头中，用以展现人物的内在精神和内心世界的变化。这种蒙太奇在剪接技巧上多用交叉、穿插等手法，其特点是画面和声音形象的片断性、叙述的不连贯性和节奏的跳跃性，声画形象带有剧中人强烈的主观性。

（4）抒情蒙太奇

抒情蒙太奇是指通过镜头中各种元素的组接或镜头之间的组合，在保证叙事和描写连贯的同时，表现超越剧情的思想和情感，达到升华剧情的思想和情感的目的。抒情蒙太奇既是叙述故事，也是绘声绘色的渲染，并且更偏重后者。最常见、最易被观众感受到的抒情蒙太奇，往往在一段叙事场面之后，恰当地切入象征情绪、情感的空镜头。

三、长镜头理论

长镜头理论被约定俗成地认为是巴赞电影理论的"代名词"，1945年，法国电影评论家和理论家安德烈·巴赞发表了奠基性文章《摄影影像的本体论》，坚决主张电影是"真实"的艺术，摄影技术应该为现实主义服务，他认为："唯有摄影机镜头拍下的客体影像能够满足我们潜意识提出的再现原物的需要，它比几可乱真的仿印更真切：因为它就是这件实物的原型。"[①]

作为一种电影理论或电影美学，长镜头指的是"巴赞电影真实美学的形式概括和称谓。主张采用长镜头（或称镜头段落）和景深镜头结构影片的'长镜头美学'，是实现巴赞现实主义电影理想的实践原则"[②]。巴赞认为："新现实主义首先是一种本体论立场，尔后才是美学立场。"[③]

（一）长镜头与蒙太奇的关系

蒙太奇理论与长镜头理论关于"真实"的辩论对电影理论的发展有重要影响，但我们不能简单地认为，蒙太奇代表着虚构，长镜头代表着真实。从本质上讲，二者都追求"真实"，其区别仅是：蒙太奇理论强调的是电影基于艺术"假定性"的真实，是 1+1>2；而长镜头理论强调的是"存在"哲学的真实，是 1+1=2。

蒙太奇与长镜头之间的区别其实是一种形式的区别、手段的区别：蒙太奇是利用时空分割、镜头组接处理来达到讲故事的目的，强调画面之外的人工技巧；而长

---

① ［法］安德烈·巴赞：《摄影影像的本体论》，崔君衍译，见李恒基、杨远婴主编：《外国电影理论文选》，上海文艺出版社 1995 年版，第 288 页。

② ［德］齐格弗里德·克拉考尔：《电影的本性——质现实的复原》，邵牧君译，中国电影出版社 1981 年版，第 347 页。

③ ［法］安德烈·巴赞：《电影是什么》，崔君衍译，江苏教育出版社 2005 年版，第 321 页。

镜头追求的是时空相对统一而不作任何人为的干预，强调画面反映事物自然存在的原始力量。

实际上，在电影技术与理论的不断发展和探索过程中，蒙太奇无疑逐渐取得了正统话语的地位，而长镜头日益被涵化到这种话语体系中了，是蒙太奇理论的拓展。在电影的整体蒙太奇架构下，还有一种连贯的、一气呵成的"镜头内部的蒙太奇"，就是利用摄像机的运动，用一个较长的镜头把一个场景或一个段落不间断地拍摄下来。

（二）长镜头的两种类型

长镜头主要是利用一个镜头内景别、构图、光影、场面、环境氛围、人物动作等造型因素的连续变化，保持演员的表演、动作和情绪的连贯，在一个整体的环境中展示人物关系和事态进展，主要包括纪实性长镜头和场面调度长镜头两种。

1. 纪实性长镜头

纪实性长镜头侧重强调时间的连续性和空间的完整性，是一个镜头能够在一个与现实相一致的时空内完成的一个动作或事件的完整过程。严格来说，纪实性长镜头不是来自现实主义电影理论，而是来自纪录电影或者纪录片的纪实主义。虽然罗伯特·弗拉哈迪的纪录片《北方的纳努克》因为摆拍而使得其真实性遭到质疑，但是依然无法掩盖纪实性长镜头的真实再现功能，爱斯基摩人生活的场景、捕猎的场景都是真实存在和发生过的，长镜头依然是纪录片拍摄的常用手法。

2. 场面调度长镜头

场面调度长镜头主要通过导演精心设置的景别、场面、人物、构图以及光影色形等造型因素的变化来体现创作者的意图。1958 年的经典影片《历劫佳人》，就是以一个 3 分 20 秒的长镜头开始的。这个长镜头的复杂性在于空间调度，它有横向的移动，也有纵向的升降，还有镜头的远近推拉，尤其是镜头从屋顶摇到楼房的另一面，并紧接着后退跟拍，这样的难度在现在看来也是令人吃惊的。导演奥逊·威尔斯在这部电影里运用了一切当时可能的技术手段，包括摄影车、起重机吊臂等，而且广角镜头和大特写之间的切换同样非常自然。镜头前半部分的俯拍和后半部分的平拍，让我们一目了然地观察到美国和墨西哥边境的混乱和污秽，它始于一个手握定时炸弹的特写，然后其被放置到一辆汽车的后备厢之中，整个 3 分钟，汽车在镜头里牵动着剧情发展，造成了惊心动魄的紧张效果。后来，以长镜头作为电影开场的方式被许多导演争相效仿，比如罗伯特·奥尔特曼的《大玩家》中的 8 分钟长镜头，杜琪峰的《大事件》中开篇 7 分钟的长镜头等。

（三）长镜头的叙事特征

一部完全应用长镜头拍摄的电影是无法想象的，事实证明也是无趣的。当长镜头与其他镜头组接时，就变成蒙太奇中的一个镜头，变成一组镜头段落中的一个镜头，只有与镜头段落中的其他镜头组合排列时，才能真正获得其艺术生命。现在的影片在叙事上往往以蒙太奇结构为主，恰到好处地运用一些长镜头往往能够锦上添花。

单从长镜头来看，它本来就是以叙事见长，长镜头用一个几分钟的镜头不间断地拍摄一个完整的场景或一场戏，以完成一个比较完整的镜头段落，而不破坏事件发展中时间和空间的连贯性。从时间结构看，长镜头最好地保持了时间进程的连续性，使得屏幕时间和实际时间保持了一致；从空间结构看，长镜头能够在镜头的调度中展现空间的全貌，在运动中实现空间的自然转换。

由于长镜头最大的叙事特征是保证了时间和空间的连续性，因此其自然客观的叙事视角使影视场景最大限度地接近生活的原貌，还原生活的真实，这种客观性和真实性的叙事特征对观众来说是极大的尊重，他们成为事件的凝视者、故事的见证者。

（四）一镜到底

从字面意义上理解，一镜到底是对长镜头的进一步拓展，这种技巧强调的是一部电影从头至尾只用一台摄像机拍摄的一个镜头来完成。真正的一镜到底影片是从1982年贝拉塔尔的《麦克白》开始的，其正片是一个长达67分钟的镜头，基本都是特写，初具一镜到底的影子。而之前受制于胶片拍摄的时间问题，真正的一镜到底并不存在，经典电影《夺魂索》（1948年，希区柯克）和《帝国大厦》（1964年，安迪·沃霍尔）都只能算是后期剪辑而成的一镜到底的效果。数字摄影技术的发展推动了一镜到底的真正意义上的实践。亚历山大·索科洛夫2002年拍摄的《俄罗斯方舟》，全片是一个99分钟的镜头，向观众展示一镜到底的高超技艺；2015年，惊艳柏林电影节的《维多利亚》再次让一镜到底获得世界瞩目。不过，一镜到底电影并没有普及和流行，它更多地是作为一种电影技艺的实验而偶尔一鸣惊人，很容易陷入卖弄技巧、欠缺观赏性的尴尬境地。

现在观众津津乐道的一镜到底一般是指运用影视后期剪辑技巧而形成的一种视觉效果，其中的无缝转场好像一种障眼法，让观众不能轻易察觉镜头拼接和场景转换的痕迹。比如墨西哥导演亚利桑德罗·冈萨雷斯2014年执导的《鸟人》，全片是由10多个镜头无缝拼接而展现出的一镜到底效果，只是每个镜头都是经过导演精确设计的，拍摄过程中全部演员、摄影、灯光录音等，都要按照设计精准走位，不允许出现任何差错。

随着媒体融合和交互传播的兴起与发展，一镜到底日益作为一种视觉化叙事技巧被应用到更广泛地领域，比如融合新闻、微视频等，用于协同文字、图像、动画、声音等多种元素，共同打造一个连续的、完整的、流动的叙事时空。

四、影视时空观

不论是蒙太奇原理，还是长镜头理论，都说明了影视是时间艺术和空间艺术的综合体。现实中的时空是客观存在的、不为人的意志所转移，而影视中的时空却有很强的自由性，创作者可以根据自己的意图再现、重构，甚至虚拟出现实中完全不存在的时间和空间，高度自由的时空观是影视画面的造型基础和叙事核心。

（一）影视中的时间

影视中的时间有三个维度：故事时间、影像时间和心理时间，也就是"三时"，他们分别界定了故事的持续时间、影像画面的表现时间和观众的审美时间。

1. 故事时间

故事时间是指事件或故事所发生的持续时间和过程时间，即客观的时间、实在的时间。故事时间不以人的主观意志为转移，而是连续向前的，所谓时间一去不复返，说的就是这个意思。一些事件可以跨跃几十年，而另一些事件可能在几秒钟内就完成。所以，单向性、连续性、客观性是故事时间的内涵体现。

2. 影像时间

影像时间是指影视艺术通过画面呈现事件所需要的时间长度，即艺术的时间、虚构的时间，也是影像的放映时间和观众的观看时间。影像时间是一种艺术表现时间，通过影视剪辑手段，可以顺序、颠倒、冻结、变速的方式呈现，实际上是对故事时间进行压缩或者扩张后的虚拟时间。影视作品可以将跨度非常大的事件流程，压缩在两个小时、几十分钟，甚至几分钟内向观众介绍清楚，也可以将一刹那的事情反复或延续，使其大大超过生活中实际需要的时间，比如一颗子弹的飞行。因此，虚拟性、伸缩性、叙事性是影像时间的本质特征。

3. 心理时间

心理时间是指观众在欣赏影像作品时的心理反应时间，即主观的时间、审美的时间。心理时间完全源于个体的主观感受，比如影片的剧情轻松、节奏明快、镜头组接得很流畅，观众就会觉得时间过得很快，观看的心理时间也就随之变短；如果剧情沉闷、节奏缓慢、叙事拖沓，观众就会觉得时间过得太慢，甚至难以忍受。其实，时间都是在正常地运行着，只是观众的心理感受不同罢了。可见，主观性、个体性、多变性是心理时间的基本属性。

4. "三时"的关系

故事时间、影像时间和心理时间是相辅相成的，其中，影像时间是个中介，故事要深入人心，要靠影像的传达。影像时间如果比故事时间长，那么观众就会感觉时间被拉伸，情节被延缓，心理感受会被放大；影像时间如果比故事时间短，那么观众就会感觉时间被缩短，情节被压缩，心理感受是紧张或爽快；影像时间也可能是实时的，即等于故事时间，就像长镜头一样。不过，剪辑手法也可以营造实时效果，美国反恐系列电视剧《24 小时》就做了这样的尝试。该剧每季 24 集，每一集描述一个小时发生的事件，每一集开始时，屏幕文字就提醒观众"以下内容发生于某时至某时"。剧中频繁出现数字计时器,向观众提醒时间在一分一秒地流逝。

陈可辛导演的微电影《三分钟》里也运用实时手法,不过片中采用了倒计时的方法,加上越来越快的剪辑节奏,虽然实时是 3 分钟,但是在心理时间上是不同的。短片讲述了一个不同寻常的春运故事,剧情最关键的结构设计是在列车停靠站台后,母子见面只有 3 分钟。3 分钟,为这次团圆带来的时限感正是剧情张力所在。短片特意以 3 分钟倒数计时的创作构思来强化这种时间感。片中,倒计时数字显示在画面上方,列车进站停车,画面用全屏文字显示 2 分 59 秒,3 分钟倒计时开始,越到后面,数字变得越大,画面交替越频繁,紧张的读秒与孩子磕磕巴巴的背诵声形成了反差,拨动着观众的心绪。当儿子背完了乘法口诀表,火车也启动了,3 分钟倒计时也结束了。母子俩的短暂团圆,没有几句对话,却留给观众无尽的回味。

(二) 影视中的空间

电影空间的设置是为内容服务的,电影的银幕空间不仅是一个单独的物质空间,而且是一个与影片剧情相融合的表意空间。由此看来,和时间一样,影视中的空间也有三个维度:自然空间、戏剧空间和心理空间。

1. 自然空间

影视画面的自然空间也可称为物质空间,就是观众看到的画面实景,主要包括"三景",即景物、景别和景深,分别代表画面的构图元素、造型变化和清晰范围。"三景"呈现的虽然是自然景物,但是从景物到景别到景深,镜头技术运用得越来越多,这里面也体现了人的能动性和主动性,所以画面的自然空间是不会独立呈现的,它们无不被赋予人文的意义,承载着戏剧空间、心理空间。

2. 戏剧空间

戏剧空间是影视剧情展开的环境空间,使叙事相对简约和集中。戏剧空间正好表现了电影空间的社会性,因为电影影像空间是社会真实空间的艺术表现,所体现的是客观世界里各种交错复杂的关系,大致包括人与人的关系、人与社会的关系和人与自然的关系。戏剧就是靠这些复杂的关系来推进和完成剧情的。

3. 心理空间

正如表现蒙太奇的镜头功能,影视中的心理空间是人物内心思想、情感世界的物化和外化;同时,心理还可能上升至一种观念,心理空间延伸为观念空间,也称"哲理空间",是借助镜头传达某种理性认识或观念的空间,这同样是一种表现性空间。

(三) 数字影视中的非线性时空、互动时空

1. 非线性时空

线性叙事电影就是按照故事发展的时间顺序来安排情节,一般有主要线索和主要角色，不论过程如何曲折、颠倒，总体来说都展现了一个时间流程。非线性叙事电影则打乱时间顺序，将时空交错在一起，同时多条线索叙事，其没有必然的联系，也没有绝对的主角。电影就是凭借其时空自由的优势，利用非线性剪辑技术，将一种非线性叙事的结构呈现在观众面前。

影视叙事学中一般把电影的时空交错分为四种情况，即同时间同空间的重复叙事、同时间不同空间的并列叙事、同空间不同时间的接续和并置叙事、不同时间不同空间的交错叙事。① 影片《罗生门》《罗拉快跑》是同时间同空间重复叙事的代表；影片《雏菊》对广场枪杀那一段时间的场景描述了三次，从三个人的角度描述了他们处在不同空间的经历，是典型的同时间不同空间的并列叙事；英格玛·伯格曼执导的《野草莓》则是同空间不同时间的叙事；而导演冈萨雷斯在影片《21 克》和《通天塔》则是不同时间不同空间的交错叙事。《21 克》采用了五条叙事线索交叉进行的叙事方式，平均每一分钟就切换一次场景，《通天塔》则是交叉了三个国家的四条线索，也是几分钟切换一次场景。观众刚开始可能一头雾水，但随着影片的深入，会自行完成对影片的时空拼贴。

与传统的线性叙事电影相比，非线性叙事电影给观众带来更多的新鲜感和刺激性，观众在观影过程中必须积极调动自己的思维，有些观众甚至会觉得非线性叙事电影非常费脑筋，正因为如此，非线性叙事变得高级起来，吸引了许多富有挑战精神的观众，这也可能是许多导演喜欢用非线性叙事的原因。

2. 互动时空

非线性叙事基于数字影像的数据库式的模块化结构，突破了传统线性叙事的时空、因果关系，是离散和割裂叙事结构。而随着数字媒介技术的进一步发展，媒介内容和受众的交互使影视时空和受众的现实时空连接起来，场景的融合产生了新的互动时空。

互动性介入叙事，使文本成为游戏，使观众成为参与者，伴随互动性的沉浸感消弭现实与虚拟之间的边界，使互动者对于叙事内容产生沉浸于叙事世界之中的幻觉。互动性的介入改变了"作者—文本—读者"的关系，互动叙事的文本由设计者完成基础设计，在互动者的参与下最终完成。

互动叙事的结构方式来自设计者对戏剧冲突的控制程度，体现为封闭（设计者控制情节）与开放（互动者控制情节）之间的平衡。对这个平衡关系的程度的把握，最终形成了互动叙事结构的不同模式。

从线性叙事到非线性叙事，再从非线性叙事到互动叙事，是当代艺术叙事方式

---

① 王家东：《非线性叙事凌乱时空的独特表达——以 21 克、通天塔为例》，载《汉江师范学院学报》2017 年第 8 期。

的不断演进，也是文化需求与数字技术碰撞融合的结果。线性叙事、非线性叙事与互动叙事并非非此即彼，在艺术实践中它们共存互补，在媒介融合的语境下构建数字叙事的跨媒介图景。

第二节　镜头组接规律

蒙太奇和长镜头主要从理论与宏观的角度为影视剪辑的整体结构与时空架构提供了思考方向，接下来要谈的镜头组接规则关系到在实际剪辑操作中对具体镜头的关系的处理。镜头组接最基本的要求，就是在转换过程中使人的视觉注意力感到自然、流畅，也就是说不要产生视觉的间断感和跳跃感。要做到镜头组接使观众视觉注意力感到自然，保持视觉上的流畅、连贯，在镜头组接中就要遵守基本规律和匹配原则。

一、画面内容的逻辑性

镜头的组接必须合乎事物发展的客观规律、人们的生活习惯和思维逻辑。

(一) 符合生活和思维逻辑

1. 符合生活的自然逻辑

事物发展的自然逻辑就是生活的逻辑，是指事物本身发展变化的客观规律。事物的变化发展是随着时间发展的连续性过程，时间不会停止，发展和变化就连续进行，比如春夏秋冬的季节更替、生老病死的生命过程。任何事物的生成与发展都有其自身的逻辑，一个人拿出手机、拨号、通话、挂机，这是一个完整连续的动作过程；发现问题、分析问题、解决问题，这是事物发展的规律，也是人们认识事物的过程。因此，编辑要尽可能把握事物发展的总体进程和认识过程，确保镜头编排次序上正确的逻辑关系。

我们知道镜头的组接顺序是变化多端的，但是事件的发展逻辑却是不变的。比如，在拍摄运动员起跑的镜头时，常见的镜头组接形式有以下几种：①发令枪举起—运动员起跑准备—观众紧张观看—运动员起跑；②发令枪举起—观众紧张观看—运动员起跑准备—发令枪响；③观众紧张观看—运动员起跑准备—发令枪响—运动员起跑。虽然镜头组接顺序有所调整，内容也不尽相同，但都遵循了发令枪先举起再发射、运动员先准备再起跑的动作逻辑和发令枪响后再起跑的基本生活逻辑，镜头组接也更显流畅、自然。

不过，影视创作毕竟是一种艺术活动，艺术活动的创造性可能会违背生活的自然逻辑，这类艺术创作就是以反常性为主要特征，也是吸引观众的主要原因。比如神怪武侠类的影视作品、科幻魔幻类的影视作品就是典型的不合常理，生活的自然逻辑完全被打破，然后建立起新的生活领域、超乎寻常的逻辑体系。一般影视作品往往也会因为追求视觉效果而打破自然逻辑，近年来备受质疑的"抗日神剧"就是如此。

2. 符合人类的思维逻辑

人类的思维逻辑是一种神秘的习惯，观众在观看影视节目时的心理活动也是有规律的。比如人们习惯将两个相邻的事物关联起来进行思考，或者习惯将片段性内容进行心理补足后以获得连续的过程，关联性和连续性就是人类思维的两种重要习惯，而且它们常常是相辅相成的，在具体剪辑中，伴随影片内容的变化会有所侧重。影视作品情节的推进主要依靠观众的关联性思维进行勾连和串接，从而弄清故事来龙去脉的过程、人物爱恨情仇的关系；影视片中镜头主体动作的连贯和完整主要取决于镜头组接的连续性处理是否恰当。

镜头的组接要符合观众的思维逻辑，才能充分调动观众的欣赏情趣，引导观众进行积极的思维活动、情感活动和认知活动。由于观众完全是通过镜头的相互关联来建立对事物的认识，如果画面组接不符合思维逻辑，就会让观众看起来不知所云。比如，第一个镜头中一位女士走进商场，第二个镜头中她提着购物袋走出商场，这时观众自然会将这两个镜头关联起来，并在脑海里补充这位女士在商场里面购物的过程，但是，如果第二个镜头换成一位男士提着购物袋走出商场，那么观众就会觉得不可思议或者疑虑重重：刚刚进去的那位女士去哪里了呢？因为这两个镜头的画面无法关联起来进行连续思考。影视作品中还有一种不合逻辑的穿帮镜头，比如前一个镜头人物的左手受伤，后一个镜头却变成他的右手受伤，这可能就是在场景切分和分镜头拍摄时粗心大意造成的。

（二）遵循镜头内在的基本关系

镜头本身存在内在的联系，这种联系是观众思维活动和视觉效果形成的基础。镜头内在的基本关系主要有包含关系、层次关系、呼应关系、并列关系、对比关系、隐喻关系、因果关系、意外关系等，以让观众在观看节目时，从心理上感受到连贯和通顺。比如，从屋外到屋内、从扔石头到水花溅起，这都是通过镜头内容的内在关系达到观众心理的连贯。

在电影《紫色》中，西莉和南蒂被迫分开后，姐姐西莉一直在等待南蒂的来信。然而，信箱却被性格粗暴的丈夫亚伯特视为私人物品，不让西莉靠近。面对近在咫尺的信箱，西莉不敢甚至从未想过主动打开信箱，在信使往信箱投递信件后，西莉的眼神充满了期待和希望，小心翼翼地问亚伯特"有我的信吗"，下一个镜头中空空的信箱呼应了她的询问，如图3-8所示。通过两个镜头巧妙地组接，尽显亚伯特的野蛮霸道和西莉屈服于强权的胆怯懦弱。

图 3-8　电影《紫色》剧照

二、造型衔接的有机性

利用画面造型元素及其特征来连接镜头和转换场景，也是镜头组接过程中不可忽视的重要方法之一。

(一)形态和位置

主体的外部形态(如人或物的动作、姿态)、线条走向、景物轮廓等，是影响视觉连贯的重要因素。上、下镜头连接时，主体形态相同或相似则视觉流畅，因此，常用相似造型或同类物体的组接。在电影《穿普拉达的女王》中，运用大量相似的场景和动作进行巧妙衔接，画面转场非常自然流畅。

(二)运动方向和速度

画面内主体的运动、摄像机的运动、不同主体的运动等动态特征，是影响视觉连贯的因素。这些运动因素造成的动势流程流畅进行，则视觉连贯。而一个动作流程被切断，破坏了原有的运动节奏，则视觉跳动。例如，两个镜头的主体运动或摄像机的运动方向不一致，运动速度明显变化、接动作时动作的重复或间歇及动、静的突然变化等，都易造成视觉的跳动。在电影《穿普拉达的女王》中，在表现安迪日渐适应职场生活的变装镜头中，巧妙有趣地将安迪去公司路上的造型、动作进行了组接，并注意对运动方向和速度的把控，转场尤为巧妙。

(三)影调和色调

影调和色彩除了视觉效果的表现外，还是人们情绪反映的一种最直接的表现手段。暗光显得低沉阴郁，明光则显得明亮开朗；暖色调一般让人感觉温馨舒适，冷色调一般给人感觉冷漠沉静。除非是为了刻意创造对比意义，一般影调和色彩都尽量保持一致，不要有太大的反差，否则接在一起会有很强的跳跃感。尤其是在一个镜头段落中，不宜高、低调场景和冷、暖调景物频繁切换，否则也会使人感到不顺畅。

电视剧《延禧攻略》中采用比较清冷淡雅的莫兰迪色系，而且剧中人物服饰的颜色、场景道具的色彩、画面的色调都是一以贯之，浑然一体，配合中间偏低的影调处理，使人感觉舒适而又平静。

三、运动的连贯性

我们常说的镜头的运动实际上包含内部运动和外部运动两个方面，内部运动是指镜头画面内主体的运动，比如人物的动作、位移等；外部运动是镜头外在形式的运动，比如推、拉、摇、移等运动摄像。在画面拍摄剪辑时，有一个基本的要求就是主体的动作要是连贯的，这一连贯性既包括镜头运动的连贯，也包括主体形体动作的连贯。不论是镜头外部运动还是镜头内部运动，一般都遵循静接静、动接动的基本规则。

（一）固定镜头之间的组接

如果是固定镜头相接，那么我们就不用考虑镜头的外部运动因素，只需要考虑镜头内画面主体的运用因素，动静不同共有三种组合方式。

1. 主体都静止

这里的主体静止一般指主体既没有位置移动，也没有较明显的动作，这时我们需要根据静止主体间在内容上的某种逻辑关系或形态相似的外部特征等造型因素来组接。在微电影《三分钟》中，列车员母亲和儿子小丁短暂相见时，运用了两个固定镜头进行组接，一个镜头表现丁丁背乘法口诀，另一个镜头表现母亲看丁丁背乘法口诀时的复杂心情，两个镜头交替出现，制造出一种强烈的时间紧张感，如图3-9所示。这就是利用人物关系的紧密性来组接镜头，准确地说是视线方向的相对呼应，且人物景别相同，在画面所占的位置互补等。

图3-9 微电影《三分钟》剧照

2. 主体都运动

主体运动包括位移的变化和动作的变化，前后两个固定镜头中的主体都是运动的，不论是同一主体，还是不同的主体，都是在运动中相接，是动接动。不同主体的动作连接，可根据主体运动衔接的连接性和造型因素的匹配组接镜头。在微电影《三分钟》中，当儿子丁丁看到列车员妈妈时，在人群中朝妈妈所在方向走去，列车员妈妈一边检票一边回头向丁丁所在的方向张望，一组固定镜头中保持了主体动作和方向的连贯，并且通过同样的纵深构图形成视觉的和谐，如图3-10所示。

图 3-10　微电影《三分钟》剧照

3. 主体运动与主体静止组接

在相接的两个固定镜头中，其中一个主体是运动的，另一个主体是静止的。如果主体运动的镜头在前，要在主体运动的停歇点切换。这个时刻相接的两个画面中的主体都处于静止状态，静接静平滑地过渡。如果主体静止的镜头在前，则要在主体运动起来之后，接后面的主体运动的镜头。比如，电影《罗拉快跑》结尾处，罗拉与男友曼尼见面时固定镜头的组接，如图 3-11 所示。

图 3-11　电影《罗拉快跑》剧照

(二) 运动镜头之间组接

运动镜头之间的组接，同样要注意镜头内主体的运动情况。需要注意的是，主体不同、运动形式不同的镜头相接，应除去镜头相接处的起幅和落幅。

1. 主体都静止

根据上、下镜头运动的速度快慢和画面造型特征，在镜头运动过程中切换。在微电影《三分钟》中有一幕场景，上一个镜头是儿子丁丁在站台等妈妈时背影的拉镜头，下一个镜头是妈妈在火车上期待与儿子见面的移镜头，两个镜头组接在一起，连接了儿子的空间和妈妈的空间，为后面的母子相聚做了铺垫，如图 3-12 所示。

2. 主体都运动

这种情况就需要结合上、下镜头主体动作的有机衔接和画面造型特征，在运动过程中切换，在电影《穿普拉达的女王》中，安迪去杂志公司面试的场景，镜头和人物一直处于运动之中，且两者运动的方向保持一一致，这种组接使得视觉流畅，如行云流水，一气呵成，如图 3-13 所示。

图 3-12　微电影《三分钟》剧照

图 3-13　电影《穿普拉达的女王》剧照

3. 主体运动与主体静止组接

如果是先运动后静止，那么一般要在上镜头内主体动作完成后切换，再结合上、下镜头运动的速度快慢及画面造型特征有机地组接镜头。比如，在电影《穿普拉达的女王》中，安迪一路奔波到达应聘公司大楼门口，上一个镜头在安迪脚步停下时结束，下一个镜头安迪正在驻足仰视，如图 3-14 所示。

如果是先静止后运动，那么一般要以下镜头的主体动作为主，在上镜头主体从静止到开始运动时切入，从而保持动的连贯。同时我们还要注意镜头的运动方向，如果是两个运动方向不同的镜头组接，一般编辑点在起、落幅处。不过，一般要尽量避免运动方向相反的镜头组接，比如一个镜头向左摇，接一个镜头向右摇，可能会让观众的视觉不太舒服。

图 3-14　电影《穿普拉达的女王》剧照

(三) 运动镜头与固定镜头之间的组接

以上情况分别是固定镜头与固定镜头相接，或者运动镜头与运动镜头相接，总体来说遵循"动接动，静接静"的规律，不过，这里的动、静首先考虑的是主体动作。如果是运动镜头与固定镜头之间的组接，那么遵循"动接动，静接静"的基本规律首先考虑的就是镜头的动、静。前面讲过，运动镜头的起幅和落幅相当于两个固定画面，其稳定性就可以成为与上、下固定镜头相接的因素，也就是说，若运动镜头在前，编辑点选在运动镜头的落幅上；若运动镜头在后，则编辑点要选在运动镜头的起幅上，这是静接静的转换。由于运动镜头内的主体还有动、静之分，使得运动镜头和固定镜头之间的组接情况较复杂。只要符合现实生活的逻辑，有时也采用动接静、静接动的转换方法。如电影《紫色》的开场，西莉的父亲叫西莉和南蒂回家吃晚餐，镜头跟随西丽父亲走向西莉和南蒂而进行运动到静止的变换。

四、自然转场的方法

转场是指影视剪辑中不同场景之间的转换，也可以指镜头段落之间的过渡。这是一种比较特殊的镜头组接方式。自然转场也就是无技巧转场，是相对于有技巧转场而言的。无技巧转场是指镜头直接切换进行自然过渡，而不使用后期转场特效。运用自然转场的前提是依据镜头自身元素和观众心理连接镜头、转换时空、分隔段落，所以，运用自然转场还要求摄影师在视频拍摄过程中就考虑场景之间的衔接。总的来说，场景转换以流畅为基本要求，只要能满足观众的期待，并激起观众的心理共鸣，可以尝试多样的转接方式，以下是一些常见的自然转场方法。

(一) 同体、相似体进行转场

上、下场景的首尾镜头如果具有相同或相似的主体形象，或者其中物体形状相近，位置重合，运动方向、速度、姿态一致，画面色彩影调一致等，那么组接起来就可以达到视觉连续、转场顺畅的效果。这实际上是利用人们的心理定式，采用偷梁换柱的方法，往往可以造成联系上的错觉，使转场流畅而有趣。比如上一场景是朋友聚会，最后一个镜头是被端起的酒杯碰在一起，下一镜头也从捧杯的镜头开始，但紧接着镜头切换后发现，已经不是原来的聚会场景了。

利用相同或相似的画面主体进行转场是常用的方法。电影《穿普拉达的女王》的开场，首先映入眼帘的就是不同场景女生交替出现的穿衣、洗漱、化妆、穿鞋，出门前与男友亲吻的镜头，通过相似的画面主体与人物动作进行场景的切换，充斥着浓烈的都市时尚女性气息。

出画入画转场就是利用了主体动作方向、速度、姿态的一致性进行转场。这种转场方式就像文学中的排比句，往往是一组出画入画的镜头并列使用，而且主体运动方向一致，姿态动作相似，变化的往往是场景或者人物造型，或者主体本身。在电影《穿普拉达的女王》中，通过女总编米兰达向刚入职场的安迪丢衣服、包包、下命令等一系列快节奏相似动作镜头的组接，既表现了时间的过程，也刻画了米兰达苛刻、严厉的女上司形象，体现了刚入职场的安迪所面临的巨大工作压力。

（二）两级镜头转场

两级镜头是指画面造型元素形成极端对比的镜头，比如景别大小、镜头动静、光线明暗等，利用前后镜头的巨大反差和对比，可以形成明显的段落间隔，这种方法一般用来衔接大段落的转换，时间和空间跨度很大。两级景别的运用相对更为常见，因为前后镜头在景别上的悬殊对比很大，所以能制造明显的间隔效果，段落感强，这种镜头的跳切还有助于形成影片的节奏。一般来说，前一段落大景别结束，下一段落小景别开场，视觉被拉近，叙述节奏加快；反之，前一段落小景别结束，后一段落大景别开始，视觉被推远，叙述节奏减缓。

（三）空镜头转场

这里的空镜头主要是景物镜头、环境镜头。用来转场的空镜头主要是人物生活环境的全景、远景镜头，比如城市、群山、乡村、田野、天空等，在一段叙事之后，以这类镜头转场既可以展示不同的地理环境、景物风貌，又可以表现时间和季节的变化，同时又是借景抒情的重要手段，可以弥补叙述性素材本身在表达情绪上的不足，为情绪生发提供空间，同时又使高潮情绪得以缓和、平息，从而转入下一段落。例如，在电影《重庆森林》中，镜头从霓虹闪烁的城市繁华升至蓝色忧郁的天空，表现了从现实世界到精神世界的流变，为接下来镜头转向人物、刻画人物内心世界做好了铺垫。

（四）主观镜头转场

客观镜头与主观镜头一般是相伴相随的，是"看"与"被看"的逻辑关系，一般前一镜头是人物"观看"的客观镜头，后一镜头就是人物"看到"的场景。这里"看"有多重意义，并不完全是用眼睛看，主观镜头主要是借助画面内人物视觉方向所拍的镜头，人物视觉的转向还可以表示回忆与怀念、想象与憧憬等。比如，在电影《穿普拉达的女王》中，安迪匆匆赶去参加新工作的面试，当她抵达目的地后，并不是径直前往，而是停留下来仰望着高耸入云的摩天大楼，接下来的场景才是安迪置身大楼，这里就采用了女主角安迪的主观视角镜头转场，刻画了人物忐忑紧张的心理。再比如，前一镜头是人物抬头凝望，下一段落可能并不是他看到的，而是他想到的，如回忆童年的时光、怀念家乡的父母、思念异地的恋人、憧憬美好的未来，这样可以进行大时空转换，天马行空。

（五）挡黑镜头转场

挡黑镜头是指主体迎面而来，遮挡住摄像机镜头，形成暂时的黑画面。主体挡黑转场常用于时间、地点的转换，在视觉上给人以较强的冲击，同时制造视觉悬念，而且，由于省略了过场戏，加快了画面的叙述节奏。典型例子是，前一段落在甲地点的主体迎面而来挡黑镜头，下一段落主体背朝镜头而去，已到达乙处。这里的挡黑主体可以是同一主体，也可以是不同主体。

现在比较流行的遮挡物转场与挡黑转场有类似之处，画面内前景暂时挡住画面内其他形象，成为覆盖画面的唯一形象，比如，在大街上的镜头，前景闪过的汽车可能会在某一片刻挡住其他形象，镜头变化时已经是不同的场景了。遮挡转场实际上有直接切换的无技巧转场，也有运用特效的有技巧转场，不过转换也比较自然，很多无缝转场用的就是这种方法。在电影《穿普拉达的女王》中，有安迪的换装镜头，就利用前景驶过的汽车、大厅的墙柱等进行遮挡转场，如图3-15所示。

图 3-15　电影《穿普拉达的女王》剧照

（六）特写镜头转场

前面提到，特写镜头排除了环境景物，同时又往往没有方向概念，所以特写镜头在转场的时候也总是能派上用场，甚至是一种"万能镜头"。特写镜头转场的主要特征是，无论前一组镜头的最后一个镜头是什么，后一组镜头都可以从特写镜头开始。特写镜头对局部进行突出强调和放大，展现一种平时在生活中用肉眼看不到的景别，能够暂时集中观众的注意力，使他们不至于感觉到太大的视觉跳跃。所以，我们在前期拍摄的时候应该有意识地在每一个场景都拍摄一些特写镜头，以备后期编辑时使用。

（七）运动镜头转场

利用摄像机机位的移动或镜头方向的移动所造成的视线场景的变化，完成地点转换的任务，就是运动镜头转场。各种运动拍摄都可以用来作为转场的手段，它们可以连续地展示一个又一个空间场景，从而顺畅、自然地完成转场。而且，利用运动镜头进行转场，还可以形成不同的画面节奏：如果摄像机运动速度比较缓慢，转场就显得十分连贯、柔和，可以制造比较恬静、优美的意境；如果摄像机运动速度很快，场景的突然变化会造成较强的视觉冲击，有利于表现紧张的情节和气氛。

电影《罗拉快跑》中有一幕场景，罗拉得知男友有危险，奔跑去救助，母亲看到罗拉奔跑的身影，问到"罗拉，去买东西吗？带瓶洗发水"，随后，镜头运动到母亲的房间内，出现母亲正在打电话的画面。这里就是典型的运用镜头的运动进行自然转场的典型案例，母亲声音的加入让转场更为自然、流畅。

（八）声音转场

声音转场就是用音乐、音响、语言等影视声音和画面配合实现转场。利用解说词承上启下、贯穿上下镜头的意义，是电视新闻报道节目制作的基本手段，也是转场的惯用方式。不论是音乐、音响还是人物的语言，虽然它们的功能不同，但是声音在形式上都是具有延续性的，利用声音的延续性转场，可以利用其过渡的和谐性自然转换到下一段落，也可以利用剪辑技巧实现链接，比如，声音的持续、声音的提前进入、前后段落声音相似部分的叠化等。利用声音的吸引作用，弱化了画面转换、段落变化时的视觉跳动。比如，电影《太阳照常升起》中第一、第二段落转换时，时空的跨度非常大，当画面出现流畅的小河，响起了《美丽的梭罗河》的歌声和吉他声，河流渐渐流出观众的视野，歌声渐渐深入观众的心灵，下一场景就以弹吉他的歌者开场了。

另外，语言除了形式上的联系，还有意义上的呼应关系，这种关系可以用来实现时空大幅度转换。比如，在电影《紫色》中，上一段落哈波的父亲不同意他结婚，最后的镜头是怀孕的未婚妻在门口大叫哈波，哈波正面对父亲犹豫，不敢回头应答；下一段落开始，哈波回头应答我愿意，此时已在婚礼场上，孩子也已出生。一喊一答，加之回头动势，错觉带来了戏剧性效果，实现了时空跨越的目的。

还有一种比较特殊的情况，是利用前后声音的反差，加大段落间隔，加强节奏性。比如前方战场的生硬戛然而止，后方战士的亲人担忧企盼；或者，后一段落声音突然增大或出现，利用声音吸引力促使人们关注下一段落。

五、画面长度的选择

我们已经知道镜头该如何组接，段落该如何转换，但是可能又常常在画面长度的问题上犹豫不决，不知在何处下刀。拍摄的镜头总是会预留更长的时间，以便编辑的时候有更多选择余地。编辑时到底在哪个位置选择剪辑点，往往也是需要反复斟酌的，因为画面的长度是由多种因素决定的。

（一）内容长度

画面的内容长度是指观众能够看清、听清画面内的声画信息元素所需的长度，这是最基本的要求。画面的内容长度首先是由要表达的内容难易程度、观众的接受能力决定的，其次还要考虑到画面构图等因素。比如，我们知道，不同景别的画面所包含在内容是不同的，大景别画面包含的内容较多，前景、背景、主体、陪体等都比较齐全,观众自然就需要更长的时间看清楚这些画面上的内容,而对于近景、特写等景别小的画面来说,所包含的内容较少,观众需要较短的时间即可看清。再比如亮度的因素,亮度高的画面容易看清,长度可以短些;亮度低的画面不容易看清,则长度应该长一些。还有动静因素也影响内容的长度,在一幅画面中,动的部分比静的部分先引起人们的视觉注意,因此,当重点表现动的主体时,画面要短些;表现静的主体时,则画面持续长度应该稍微长一些。最后,画面长度在很多时候是由镜头的声音内容所决定的,声音内容多,镜头就长一些;有字幕的画面比没有字幕的画面也要长一些。

(二)情感长度

内容长度是剪辑时决定画面长度的首要考虑因素,因为看清画面对观众来说是最起码的要求。但是,观看影视作品,观众不会止于看到什么,还会追求精神的享受和情感的共鸣,因此,画面需要具有情感长度。情感长度是一种通过画面细节描写从而达到情感外泄与意义凸显,镜头需要足够的时间来渲染气氛、营造氛围、抒发情感,才能让观众进一步感受、体会镜头所传递的信息,产生情绪上的共鸣。内容长度主要由人们的视觉特点决定,而情感长度则主要由人们的心理特点决定,主要以画面主体的情绪(包括情感、气氛等)发展所需要的时间长度而定。比如,用特写镜头表现一个人伤心落泪,如果只需要让观众看清内容,可能两秒钟时间就够了,但是如果要引导观众体会人物的内心世界,感受人物的情感处境,最后还要将观众的情感也调动起来,可能就需要更长的时间。

(三)节奏长度

虽然单个镜头也有节奏的表达,但是影片节奏总体来说是一种更宏观的表现,就如生活与事物发展中的悲喜、哀乐、起伏、高低、强弱、快慢、明暗等这些不平衡的变化与转换,需要一定的时间积累才能体现出来。对影视作品而言,节奏指作品内容和形式的长短、起伏、轻重、缓急、张弛、动静等有规律的交替变化,从而给观众造成一种或激动或平静、或紧张或松弛的心理感觉。节奏长度一定要从整体和镜头的组接关系上来考虑,比如,在一个镜头段落里,单个镜头越长,镜头间的转换就越慢,节奏也就越慢;镜头越短,镜头间的转换就越快,节奏也就越快。节奏存在于一切表述思想的结构、形象、情节、语言之中,是创作的难点所在。影视作品创作节奏过于平缓,可能会让观众觉得无趣,而节奏过于激荡,可能又会令观众觉得紧张,做到张弛有度并不是一件容易的事。

第三节　拉　片　分　析

拉片也称"拉片子",就是将一部影片逐步细分,最后一个镜头一个镜头地抽离出来进行全面分析、深入分析。拉片分析和分镜头创作是相反的过程，前者是将一整部机器的各个零件拆开了细细研究它们的构造和作用，后者则是运用各种各样的零件去拼装成一部机器。

拉片分析需要先从整体上把握整部影片的主题意义、情节结构、人物形象和场景设计，然后才剥离一个个镜头，分析其景别设计、拍摄技巧、影调光效、声音元素等。总之，既不能只见树木不见森林，也不能只见森林不见树木。

一、整体把握

在决定拉片之前，我们要先完整地观看影片，然后查阅资料，对影片的主题意义、情节结构、人物形象、场景设计等方面进行分析，从整体上把握影片的内容是进行拉片的基础。下面我们以张艺谋的电影《活着》为例来讲解拉片的流程。

（一）主题意义

影片的主题是电影的灵魂和精华，也是我们为之迷恋的"精神家园"。通常人们理解的影片主题包括两个层次。第一，影片的内容或影片的作者力图告诉我们什么？电影作品的内容与主题，渗透和体现创作者的世界观、价值观，体现着创作者对生活的认识和情感，是创作者人生经历和情感的宣泄。第二，通过对电影的主题、立意及影片的整体视听形象表达，我们感悟到了什么？电影的最大魅力就是通过独特的故事宣扬一种极有意义的思想，折射出丰富的思想内涵，照耀和抚慰人们的心灵，从而提高和净化人们的精神境界。

电影《活着》（1994 年）是张艺谋导演根据余华的同名小说《活着》（1992 年）改编的。二者都讲述了主人公福贵跨越近 40 年的人生命运。小说用朴素的叙事手法展现了福贵活着的孤独：亲人相继去世，最后与一头老牛为伴；电影用黑色幽默剧的方式深刻诠释了在历史的浮沉中人活着的艰难，但通过福贵的孙子"馒头"告诉我们生命不可辜负，努力生活，日子总会越过越好，在揭露现实的同时又给予人无限希望，压抑与欢快两面皆触动人心。

了解影片的主题意义还不够。除了了解作品，还要了解创作者，了解我们自己。这些问题还需要进一步追问。①小说的创作者余华一贯的风格是什么，他想通过作品传达什么样的精神世界和情感效果？②导演张艺谋一贯的创作风格是什么，这部影片属于哪一类型的风格样式？③这部影片中哪一些情节、场景、细节对影片主题的表达有特别重要的作用？④我们在视觉上和心理上多大程度对影片产生认同和共鸣？⑤影片中的风格样式、叙事结构、造型风格、手段方法、影像效果、人物塑造，哪些是最让你感兴趣的东西？⑥对于这部影片，除了大多数公众的意见以外，你有什么不同的意见和看法？⑦你认为影片最大的不足是什么？总之，重要的是，我们观看了一部影片，就要思考我们所感受、感悟到的形象、内容、情感和意义，要反复地、深入地分析这种理解和感受，解释对主题的认识、感受、理解的原因，有共鸣之处，也有分歧之处，同中求异往往是最终的归宿。

（二）情节结构

情节结构的分析主要是对电影叙事情节安排在排列方式上的整体分析。电影的创作规律研究表明：戏剧性结构的电影无非是无数件有因果关系、有内在联系的事件有机地、有目的地安排在一起，最终构成一种结局。无论怎样的结局，都会充满"因果关系""偶然关系""必然关系"和"戏剧关系"，都会有一种人为主观的因素。电影情节的推动，一般不依靠外部的力量，而着重依赖人物的动作和细节的设置。重视细节的强调、细节的重复，形成影片内在的结构、细节的日常化和形象化，对人物的塑造、情节的推进、风格的形成具有重要作用。

在电影《活着》中，通过皮影戏来推进叙事，是我们分析其情节结构的切入口。小说《活着》里面并没有皮影戏，将皮影戏引入电影是张艺谋的独创，运用道具符号是他的艺术风格之一。张艺谋将全剧划分成几个阶段，试图通过不同时代的皮影戏对福贵人生所起的作用不同，串联起整个影片的结构，成为全剧的灵魂。

影片一开始，主人公福贵还没有出场，皮影戏就出现在赌场的背景中，为人生如戏埋下了深深的伏笔。纨绔子弟福贵唱皮影戏，却不知其已经一步一步地落入了赌场老板和龙二设计的圈套，深陷危机。倾家荡产后的福贵，为了养家糊口，携带从龙二那里借来的一箱皮影，开始了四处奔波的流浪艺人生涯。电影中，张艺谋让福贵背着箱子奔波的镜头和皮影戏交相出现，模糊了皮影戏中人物和电影中人物的界限。福贵被国民党抓了壮丁，后又成了解放军的俘虏，成为为解放军演皮影戏的艺人，最后又幸运地回到家中，一家人得以团圆，还为自己增加了一段干革命的经历。在这一系列的变故中，福贵就像皮影戏中的人物，受人操纵，无法左右自己的命运，上演了一幕幕悲欢离合的场面。大炼钢铁运动中，导演把皮影戏演唱安排到炼钢工地，炼钢工地上大家正在热火朝天地炼钢，福贵在一旁卖力地演皮影戏，使两个热闹的场面融汇在一起，象征着在这样的运动中，福贵和所有的人一样都身不由己。后来在"破除四旧"的年代，皮影无疑在"四旧"之列，应统统销毁。此时的皮影戏对福贵来说，已由原来的生存工具变成了人生的依恋，他带着那箱皮影经历了许多事情，皮影已成为他人生的见证，令他无法割舍。但为了生存，不惹上大麻烦，福贵只能忍痛将皮影烧掉。影片的最后，福贵将外孙的一窝小鸡放进皮影箱中，暖暖的阳光照进来，意味着一种生活的希望。皮影经历了历史兴衰与时代风云更迭，更见证了福贵一家在苍茫人生中的痛苦与挣扎，成为活着的隐喻。

（三）人物形象

电影中的"人物"，是通过演员的表演所呈现的"虚构"银幕形象，却是影片主题凸显、情节延展的符号载体，人物形象也是观众对影片产生认同的中介和纽带，一部影片是否成功，往往就看其中主要的人物形象塑造是否成功。人物形象塑造是演员形象表演、语言表演、动作表演等戏剧元素与景别、角度、光影、色彩等镜头元素共同作用而成的。

在《活着》这部影片中，由葛优扮演的福贵和由巩俐扮演的家珍是一对历经坎坷又坚强乐观的夫妻。福贵总是一副瘦弱的样子，佝偻着背，不时还露出憨憨的笑容，面对命运的浮浮沉沉，他总是逆来顺受；家珍朴实勤劳，又坚韧善良，是传统的中国妇女的形象，总是以家为大、以孩子为大，但有庆和凤霞的离世让她不堪重击。"生的艰难、活的希望"通过这对夫妻40年人生历程呈现出来。

（四）场景设计

场景是影片叙事的基本载体和影片特定的空间环境，也是影片重要的造型元素。电影中的场景一般包括以下类型：①内景，也就是在摄影棚内专门为影片的拍摄搭置的人工场景；②外景，是大自然中自然景观的场景；③实景，是人类居住和活动的自然建筑的场景；④场地外景，是专门选定的自然环境中人工搭制的场景；⑤特技合成场景，是人工搭制的一种模型场景，要配合特技效果来实现；⑥计算机模拟场景，完全是由计算机技术创造的虚拟现实的场景环境。

电影《活着》多以外景、实景和场地外景为主，还原生活的原貌，承载影视的时空转换。导演张艺谋在每个历史时期选择一个有代表意义的场景，将福贵的人生与演皮影戏的经历这一明一暗两条线串起来。比如第一个阶段，也就是故事开篇的20世纪40年代，故事开场，福贵在赌场败光家产，是其命运转折的起点，而福贵在赌场唱皮影戏这一段既展示了他败家子的形象，也暗示了他的性格特征。赌场的取景是天津的石家大院，这是清末天津"八大家"之一的"尊美堂"石府宅第，曾经鼎盛一时，是中国迄今保存最好、规模最大的晚清民宅建筑群之一，素有"津西第一宅"之称，张艺谋选择这里作为《活着》的开场。

二、镜头解剖

拉片过程是从一个个镜头分析开始的，解剖镜头首先要把每个独立的镜头放到影片的整体中分析，也要分析他们独立的镜头语言，主要包括镜头的景别、拍摄技巧、画面内容和声音，还需要分析镜头的拍摄机位、光影效果等，有时也可以将机位和光线融入拍摄技巧或者画面内容的分析。

1. 景别

正如前文所提到的，不同景别有不同的作用，一部影片中每个镜头使用什么景别，关系人物形象的塑造、叙事的风格，进而关系影片的整体节奏和主题意义的表达。景别的分析不应仅停留在个别镜头的分析上，更应该总结全片的景别使用规律。

2. 拍摄技巧

镜头的拍摄技巧主要是指固定镜头和运动镜头，也就是镜头的外部运动形式，我们也可以将导演调度时的机位设置放入拍摄技巧中加以分析。镜头的拍摄技巧主要引导观众的视角，也是画面形象引起观众心理共鸣的重要纽带。

3. 画面内容

画面内容主要包括画面的主体形象及其表情动作等视觉符号，同时也包括他们所处的画面空间。画面内容是最直观的屏幕形象，人物的衣着打扮、妆容仪表、一颦一笑、一举一动都是导演精心安排的，需要我们从整体到细节，仔细观察和分析。

4. 声音

声音主要包括镜头的语言、音乐、音响等声音元素。其中最重要的是人物的对话，对话是一个相对独立的叙事手段和方法，它所传递的故事信息常常有不可替代的作用。一部影片中，人物的对话非常关键，使我们掌握故事情节和人物命运的重要细节。因为对话对人物情感的表达、性格的凸显作用，胜过影片的情节和人物动作，因此要分析人物的语言及其背后的情绪因素，比如语调、语气等。同时，对话也对影片节奏的形成起到重要作用，往往形成故事的高潮。

三、拉片记录单

拉片的过程和结果都需要用文字的方式记录下来，可以使用表格的方式，也就是填写拉片记录单。拉片记录单没有固定统一的格式，一般需要将镜头序号、场景、画面的截图、镜头的景别和拍摄技巧、画面的内容和声音一一记录下来，最重要的是对镜头的阐述——将镜头置于影片整体，分析其对主题意义、人物形象、影片风格等形成的意义。电影《活着》开场部分的拉片实例，见表3-1。

表 3-1　　　　　　　　　　　　　《活着》拉片记录单

镜号	场景	截图	景别	技巧	画面内容	声音	画面阐述
1	街头		全景	固定	清晨的街头，字幕："四十年代"	皮影戏的二胡声，赌场的声音	影片幕布拉开，交代了故事发生的时间和地点，特别是清晨的表现，暗示福贵又彻夜未归

镜号	场景	截图	景别	技巧	画面内容	声音	画面阐述
2	赌场		全景	固定	赌场全貌	皮影戏的二胡声,赌场的声音	赌场热闹非凡,灯火通明,进一步交代了故事发生的具体环境。其中,红灯笼是张艺谋的特别情结
3	赌场		中近景	固定	福贵少爷正在摇色子	摇色子的声音	从全景到中近景的转换,是常见的人物出场方式,从福贵少爷的表情和动作来看,它是赌场老手,无光的眼神和无所谓的表情一下就把败家子形象展现出来,为后面的情节发展做了铺垫
4	赌场		中近景	固定	龙二也在摇色子	摇色子的声音	外反拍镜头反映了龙二的预谋和精明,暗示福贵已经陷入圈套,为后面的情节作铺垫

111

中篇

进阶

第四章　视频拍摄技巧

第一节　摄像要领

一、视觉规律

摄像机是人类眼睛的延伸，视频拍摄首先要符合人的视觉规律。

（一）观看

很显然，所有的画面都是用来观看的。美国著名作家阿尔多斯·赫西黎在1942年出版的《观看的艺术》中，详细叙述了他如何努力让自己尽可能看清事物的视觉过程。他在书中一方面描写了自己如何通过身体练习克服眼疾的障碍，同时也总结了人们的视觉规律。他最主要的观点是：能够看清楚，往往是能够想清楚的结果。他总结了一个公式来解释人们看清事物的方法："观看＝感觉＋选择＋理解"①。这是一个富有创建性的对视觉传播过程的科学描述。

观看的第一步是感觉，也就是眼睛特有的功能所形成的视觉效果；第二步是选择，就是从感觉能够提供给我们的大量画面中，把景物中的一个具体部分隔离出来，选择是有意识和智力控制的行为，这个过程已经渗透进了人的精神活动；赫西黎视觉理论的最后一步是理解，也就是说，必须设法弄清楚你所选择的关注目标的含义，只有积极地思考所见事物的意义，大脑才有可能把这些视觉信息储存在记忆库里，让它成为知识积累的一部分。因此，视觉传播并不是把一个形象画面播出来这么简单，其目的在于通过引人注目的图像，让观众牢牢记住其中的内容，并且认同其中的意义，能够过目不忘，甚至久久地怀念，这样才能给人一种愉悦的精神享受。

（二）趣味点

选择与集中是眼睛的两大功能，眼睛并不是可以同时对周围的每一件东西都予以关注，眼睛真正能看清楚的，只是一个点，也就是所谓的观察趣味点。当观察趣味点中的物体出现的时候，我们余光中的其他物体则模糊不清了，前面所讲的构图

---

① 黄匡宇：《当代电视摄像制作教程》，复旦大学出版社2012年版，第75~76页。

法则，比如黄金分割法则，实际上就是引导人们的眼睛将观察趣味点放在黄金分割点上。而实际上观察趣味点的变化是一个比较复杂的问题，涉及心理学、美学、社会学、传播学等相关学科的知识。不过对于每个人来说，眼睛的这种观察趣味点的选择是在神经系统的参与下自动完成的。而通过摄像机镜头拍摄的活动画面要想使观众能够观看并捕捉到趣味点，则必须遵循一些基本的原则。

现在，数码产品已经普及每一个人，只要你愿意，就可以随手拍下身边的美景和记录生活的点点滴滴。当我们学习过一些摄影构图知识之后，往往可以拍出很不错的照片，但是对于拍摄视频来说，发现问题似乎要复杂得多。当发现画面在不经意间就晃动起来，甚至抖动得厉害；画面中主体有时候模糊不清，当镜头运动的时候我们不知道该停留在什么地方；运动的镜头看着像挤牙膏，令人不那么舒服；还有倾斜的画面，失去平衡之美。对于摄像人员来说，总有一些底线是我们要保持的，有个四字法则从一开始就应该牢记于心，那就是稳、准、匀、平，当然，前提是你在开机之前已经明确接下来要拍什么，而不是毫不目的地拍摄。

二、摄像要领：稳、准、匀、平

(一)稳

稳定压倒一切，就像我们总是会定睛一看，而不会一边摇头晃脑一边看。晃动会破坏画面的气氛和观众的观赏情绪，影响画面内容的表达。因此，在摄取镜头时，应当消除一切不必要的晃动。保持画面稳定是摄像操作技术的基本功，从画面的稳定程度可以鉴别摄像人员的拍摄熟练程度。三脚架、稳定器等辅助设备是克服这一弊病最有效的工具。如果没有三脚架或者无法使用三脚架，就应当尽量利用各种支撑物，控制好呼吸，使用广角端摄取画面，使用长焦镜头拍摄的效果一般不能令人满意。

(二)准

拍摄中的准的意思包括：正确地重现彩色，白平衡调整要正确；聚焦要准确；光圈调整要准确等。摄像画面的清晰度是首要的，而准确聚焦是保证画面清晰的关键。当然，我们现在的数字摄像机、单反相机，甚至手机在画面清晰度上都达到了高清标准，但是有些问题我们还是要注意，首先，要保证摄像机镜头清洁；其次，无论是拍摄远处还是近处的物体，在调焦时都要先将镜头推到特写景别(焦距最长)进行聚焦，聚焦准确之后，再拉开到所需的景别进行拍摄。当被摄物体沿纵深运动时，为保持物体始终清晰，一是随着被摄物体的移动相应地不断聚焦(移焦)；二是按照加大景深的办法做一些调整，如缩短焦距、加大物距、减小光圈等；三是采用跟摄，始终保持摄像机与被摄物体之间的距离不变。

还有一个很重要的就是运动镜头的落幅要准。当某个运动镜头结束时，落幅画面中镜头的焦点、构图等应该是最佳的。任何落幅之后的修正，都会明显地在画面中表现出来。准在摄像中较难掌握，如运动镜头的拍摄中，画面的构图、焦点都在不断变化，为了保持构图均衡、画面清晰，常常结合多种技巧，结束时落幅应当是最佳的。一旦操作出现失误，在条件允许的情况下，就应当重新拍摄。

(三)匀

匀，是指运动镜头的速度要匀，不能时快时慢、断断续续。无论采用什么镜头运动方式，不管速度是快还是慢，运动路线是直线还是曲线，中间的运动过程应该是匀速的，这样观众的视线才是流畅的。

(四)平

平，是指所摄画面中的地平线一定要平，不能倾斜。拍摄的画面要摆平，即画面中的水平性质的横线如地平线等应与寻像器的横边平行，垂直性质的直线如旗杆等应与寻像器的竖边平行。如果拍摄时把摄像机扛歪或没摆平三脚架，使拍出的地平线呈倾斜状，那么景物中的垂直物体就会显得摇摇欲坠，不合常态。三脚架上一般有气泡水平仪，应调节气泡水平仪，使气泡至水平仪中央。肩扛拍摄时可寻找有明显水平垂直性的景物，使之分别于画框的横边和竖边平行，这样画面就平了。

三、尽量使用三脚架与稳定器

(一)执机方式

保证画面的稳、准、匀、平，其实和我们的执机方式有关，手持和肩扛摄像机拍摄是比较常见的，如图 4-1 所示，比如在一些新闻摄影或是纪实摄影中，为了抢拍画面，摄像师往往需要灵活移动位置或者摄像机。在使用一些便携式摄像机时，手持或肩扛拍摄比较灵活，可以把摄像机朝向任何方向，并能轻松地移动，有些摄像机内置了图像稳定器，能够起到一定的防抖作用。但是，晃动似乎是难以避免的，尤其是想拍一个长镜头的时候，当手持拍摄拉近，我们发现画面的不稳定性被放大了，尽管我们尽了最大的努力，但是都不可避免地会发生震动。

1. 手持摄像

为了使手持摄像机尽量地保持稳定，可以一手握住摄像机，一手扶住摄像机机身。各种型号的摄像机都配有腕带，方便我们右手拖住摄像机时，能够更好地固定手腕，但是，单反相机一般没有腕带，所以手持起来比较困难。实际上，我们在手持拍摄时，一方面，要尽量使用短焦端来拍摄；另一方面，就需要尽量利用我们的身体来提升稳定性。比如，可以把肘部紧贴身体，使胳膊充当减震器，不过这样我们的视角会被限制；在拍摄前，我们应该深呼吸，然后在拍摄的过程中屏息凝神，有时候，一个镜头能拍多长时间，就看你能够憋气多长时间，所以，平时练练憋气吧；如果身旁有支撑物，比如墙、路灯杆、大树等，就可以靠在上面，来增强稳定性；当拍摄一些较低视角的画面时，最好单膝跪地，这样更稳定一些。

手持运动摄像要保持稳定就更难了，移动摄像机一定要缓慢、流畅。比如水平的横移，转动的时候要移动整个身体，而不单单只是移动胳膊，应该先把膝盖转到想要的目标位置，然后再慢慢地把身体扭过去，在这个过程中要尽量保持肩膀的稳定，并带动摄像机一起流畅地转动。当手持摄像机进行跟拍时，尽量向后退而不是向前走。因为后退的时候可以脚跟离地，用脚掌行走，这样我们的脚而不是腿，就充当了天然的减震器，可以减少走路时腿部带来的上下起伏。

2. 肩扛摄像

较大的摄像机还可以用肩扛的方式拍摄，虽然不像手持拍摄那么灵活，但是更加稳定了。一只手穿过摄像机的腕带，食指正好可以自由操作摄像机的变焦滑杆，大拇指正好在摄像机的开关上；另一只手可以用来稳定摄像机或调整光圈等，当用寻像器来监视拍摄画面时，又会增加一个稳定点。不过现在多使用可折叠旋转的显示屏来监视画面，当把摄像机高高地举过头顶，或者要贴近地面拍摄一个低角度的镜头时，就可以比较方便地看到拍摄效果。

图 4-1　手持拍摄（左）与肩扛拍摄（右）

手持或肩扛拍摄太容易累了，几个镜头下来，有的人就觉得胳膊酸了，腰也疼了。其实，除非你在新闻一线抓拍新闻现场，大多数时候，我们可以不用这样辛苦，只要有可能，还是要尽量使用三脚架或者其他稳定设备，这样才能更好地做到稳、准、匀、平。

（二）三脚架

三脚架是用来稳定照相机、摄像机的，为了达到某些摄影效果，三脚架的定位非常重要。最常见的就是长时间曝光中使用三脚架，用户在拍摄夜景或者带涌动轨迹的图片时，需要更长的曝光时间，这个时候，要想相机不抖动，则需要三脚架的帮助。所以，选择三脚架的第一个要素就是稳定性。

1. 三脚架的构造

三脚架三条可伸缩的腿在任何位置都是可以固定的，并且底部装有橡胶垫来防滑。三脚架上最重要的装置就是支撑头，也叫作摇摆头，可以使摄像机流畅地上下、左右转动，也可以方便我们快速装卸摄像机。大多数支撑头都配置有水准气泡，当三脚架置于不平的地面时，要将水准气泡调到中心位置，这样才能调平摄像头。所有支撑头都有相似的操控装置，可以通过支撑头上的操纵杆来控制摄像机。支撑头还有锁定功能，可以在想要固定的位置把摄像机锁定，从而防止在无人操控的时候摄像机自由移动，无论是多么短暂的停留，都要随时将支撑头锁定。如果把三脚架放置在三轮移动车上，就可以自由移动摄像机。三脚架的构造，如图 4-2 所示。

摇摆头（云台）

水准气泡

操纵杆（手柄）

脚管
板扣
脚垫

图 4-2　三脚架

当一开始把摄像机从手中安放到三脚架上的时候，也许会非常不适应，因为活动的时候不是那么方便，所以，我们在新闻现场抢拍的时候是不用三脚架的。但是，大多数情况下，三脚架对摄像机的稳定作用是显而易见的，无论是拉近还是拉远镜头，都不会出现明显的晃动，我们在上下、左右移动摄像机的时候，也会更加流畅，当然还有一点就是更加省力了。

2. 三脚架使用过程中的注意事项

首先，三脚架的摆放要平稳、平衡。要想稳定摄像机，三脚架先要足够平稳，而且还需要保持与摄像者和环境的平稳，不能随意摆放三只脚。一般来讲，对摄像师来说，他应该站在三脚架两条张开的腿之间，而让三脚架的另一条腿在正前方相对支撑，且和摄像机朝向的方向一致。这样做有两个好处：第一，给摄像师留下足够的活动空间，可以避免触碰到三脚架而引起抖动甚至倾倒；第二，如果摄像机或者镜头比较重，俯拍或仰拍时，重心前倾或后移，前后都有支撑，会更加稳定。

其次，不要轻易打开三脚架末端的支脚。我们要根据需要选择三脚架的高度，升得太高，重心上移，稳定性也会变差，如果三脚架的三只脚伸长就足够拍摄需要，那么中央升降柱就不要打开了。另外，三脚架的脚一般都有三个关节，从上到下的三段越来越细，稳定性也就越来越差。有的时候拍摄的高度不是很高的时候，有的人习惯直接抽出最下方的脚来进行拍摄，其实这样是不对的，我们应该优先使用上面最粗的那段，这样稳定性更好。

再次，三脚架不宜太轻。有的三脚架比较轻便，可能不够稳定，我们还可以在三脚架下方挂一个重物来增强稳定性，有的人比较随意，可能把随身携带的背包挂上去，这并不是一个明智的方法，因为背包比较大，可能接触三脚架，如果因为风或者其他外力导致背包晃动，也会带动三脚架晃动。改善的方法是在三脚架中轴下系一根绳子，下方再系上体积较小的足够重量的物体。

最后，搬动三脚架时不要太随意。我们常常看见有人把摄像机架在三脚架上扛着走，很酷，而且也很灵活，不用重新安装摄像机或相机，但是要随时注意摄像机的安全，要保证它不会掉或者被碰到。有的人会提着三脚架的云台或者手柄，长期这样肯定会导致三脚架零件松散或变形，影响使用寿命或效果。所以，还是不要偷懒，老老实实地把摄像机取下来，把三脚架收好抱在手里或者放入包中携带。

（三）稳定器

摄像中用于提升稳定性的辅助设备还有很多，比如演播室和电影摄制中使用的吊臂、轨道等，这些大型的设备一般只有专业影视制作机构才会使用。相比之下，手持稳定器是一种更加经济便携、普及率更高的摄像辅助设备。稳定器一般有手持和身穿两种。近年来，手持式稳定器非常流行，主要用于单反相机和手机的拍摄，经济实惠，运用广泛，被称为摄像神器。它的作用就是用来辅助拍摄时候的稳定性，让摄像者在站立、走动甚至跑动的时候都能够拍摄出稳定顺畅的画面。手持稳定器的核心就是三轴陀螺仪和配套的稳定算法，有了它，我们的镜头运动变得更加游刃有余。

使用稳定器时正确的流程是：安装相机，连接相机控制线，然后对稳定器和相机进行调平，依次打开相机电源和稳定器开关，在稳定器的菜单界面选择相机品牌，点击确认，待稳定器识别相机后就可以通过稳定器控制相机调节参数了。其中，在使用稳定器拍摄之前，无论是相机还是手机设备，安装调平是第一步骤，也是尤为关键的一步：将设备安装至稳定器的快装板或手机夹上，根据设备重量情况依次对稳定器的三个轴进行调平工作，这个动作不仅可以更好地为发挥电机运作提供可靠的稳定性能，同时还可大大提升电池的有效工作时长；还需要注意航向轴的调平工作，若航向轴未调平，就有可能出现转向不顺滑或卡顿的情况。

需要提醒的是，稳定器并不是万能的。很多人刚接触稳定器的时候容易犯的一个错误，就是误以为相机有了稳定器的加持就可以完全实现人眼的视觉效果，拍摄时可以随心所欲不加思考地转动稳定器也能得到稳定画面。稳定器虽然具备增稳防抖的功能，但让画面更加平稳顺滑的关键在于拍摄时行走的步伐以及手持稳定器拍摄的手势，特别是在移动拍摄场景。正确的步伐是尝试着收紧手臂，膝盖弯曲，重心向下，向前走，脚跟先着地，双脚依次替换，脚步要轻，通过微屈的双腿来减少上半身的起伏。向后退的时候相反，脚尖先着地，做到小步伐前进，并且保持匀速移动和均衡受力。另外，不要因为有了稳定器就肆无忌惮地拍摄运动镜头，这样拍摄的作品会使人眼花缭乱甚至眩晕，正如前文所说，运动摄像要恰当使用。常见的稳定器，如图 4-3 所示。

图 4-3　稳定器

第二节　景深控制

我们已经知道景深的含义，也了解了摄像机通过调节焦距和光圈可以改变画面的清晰范围，同时，画面虚实变化是构图时凸显画面主体的重要方法。这里所说的画面清晰范围和虚实变化实际上就是我们对景深这一摄影术语最直观的感觉。

一、景深的概念及其影响因素

关于景深的概念，《美国 ICP 摄影百科全书》中是这样定义的："在调焦十分清晰的景物前后范围里，景物的细部在拍得的照片中也是清晰的，这一范围就叫景深。"①从这一定义中我们可以看到，景深是一个范围概念，即景物的前后清晰范围，既然是景物的前后清晰范围，那就有前范围和后范围，所以，景深也就有前景深和后景深，就像我们前面讲到的画面构图有前景和后景之分一样。

影响景深的因素主要有三个：第一个是光圈，在镜头焦距、拍摄物距相同时，光圈越小，景深范围越大，光圈越大，景深范围越小；第二个就是焦距，在光圈、拍摄物距相同时，镜头焦距越短，景深范围越大，镜头焦距越长，景深范围越小；还有一个因素是物距，在镜头焦距、光圈都相同时，物距越远，景深范围越大，物距越近，景深范围越小。这三个是影响景深的因素，需要注意的是，单独控制一个因素可以控制景深效果，将以上两者结合或者三者结合使用，就会进一步增强或削弱景深。通常情况下，我们将景深分为大、小两类，用来区分两种截然不同的画面透视效果。

二、景深与虚化度和透视感

(一) 虚化度间接反映景深

景深反映的是清晰范围，反过来说，不清晰就是虚化的，那么虚化度是不是就是景深呢？实际上，照片的虚化度是一种对景深的间接反映，但并不是景深本身。我们对一张照片景深大小品评的实际对象很可能是照片的虚化程度，虚化度给我们的感觉是，画面上有清晰和模糊的对比，它在一定程度上反映的正是景深：大景深的照片，虚化度通常较小；浅景深的照片，虚化度通常较大。因此，很多时候，我们就直接把虚化度视为景深，但是这样实际上忽视了透视对景深的影响。景深指的是画面主体前后这段清晰范围的距离，而这种距离就像图像的纵深感一样，还受透视的影响。虚化度并不反映透视，它往往是平面上的模糊度，这种模糊甚至可以通过后期效果制作来实现，而与前期的照相技术无关。影视剧中一般都是利用小景深凸显单个主体，用大景深表现多人场景，从图 4-4 电视剧《延禧攻略》的剧照中可以看出，虚化度确实从视觉上反映了景深的不同效果，左图只有前景人物是清晰的，背景的门廊都是虚化的，看起来景深小；右图中层次虽然很多，但是没有虚化景物，清晰范围极大。

(二) 透视感可以强化景深

透视感是我们人眼看物体的一种方式，近大远小，从而能感受到物体之间的距离。但是透视反映出来的那种距离感又往往是一种假象，这种"近大远小"在摄影艺术中的反映与我们眼睛的视觉效果却不尽相同，摄影的透视效果实际是对以我们人眼为基准的"近大远小"进行的夸张，我们感受到的照片中物体之间的距离有可

---

① 美国纽约摄影国际中心编：《美国 ICP 摄影百科全书》，王景堂等译，中国摄影出版社 1995 年版，第 147 页。

能是被夸大或缩小的，而这种夸大或缩小距离的效果就是摄影的透视效果，比如图 4-5 中用短焦近距离拍摄盘中的饺子，会呈现夸张变形，明显的"近大远小"，当然，画面的清晰范围也被拉大，景深也变大，但是图 4-4 中右图的画面景深也大，却没有透视感。

图 4-4　《延禧攻略》剧照：景深与虚化度

图 4-5　透视感：物体近大远小

　　那么，什么影响画面的透视呢？透视有两个特征："被摄体越远，显得越小"；"镜头离被摄体越远，被摄体外观上的大小变化越小"。从中我们可以看出，影响画面透视效果的因素只有一个，那就是焦点主体与镜头之间的距离。当主体与镜头之间的距离很近时，镜头就会夸大物体之间的近大远小的程度，所拍摄照片的透视效果就强，当人眼看到这样的照片时，感受到的物体之间的距离比人眼看到的实际距离要远；随着主体远离镜头，这种夸大的程度就会逐渐减小，到达一定的距离后，镜头会开始对近大远小的比例缩小，所拍摄照片的透视效果就弱，当人眼看到这种照片时，感受距离比实际距离要近。

　　总结起来，当拍摄一个固定位置的主体，随着镜头的远离，照片给人眼的感受是主体与其周围物体之间的距离不断地拉近；随着镜头的拉近，人眼的感受是主体与其周围物体之间不断拉开距离。因此，即便是相同景深的两张照片，如果拍摄时镜头与焦点主体之间的距离不一样，那么它们的透视效果也不一样，给人眼造成的景深距离感受也就不一样。透视效果强的照片，看上去景深的距离大；而透视效果弱的照片，看上去景深的距离小。透视效果大的照片，看上去增加了景深的距离，实际上是减弱了照片虚化的程度；反之，则增强了照片虚化的程度。

　　上述内容可以归结为：景深大，照片的虚化度小，景深小，照片的虚化度大；透视强，照片的虚化度小，透视弱，照片的虚化度大。可以说这些都是从宏观角度来探讨照片的虚化度，而在拍摄过程中，我们必须通过具体的参数来改变景深和透视，从而达到控制照片虚化度的目的，因此研究拍摄参数与照片虚化度的直接关系至关重要。而影响虚化度的参数也就是影响景深与透视的参数，影响景深的参数有光圈、焦距和焦点主体与镜头的距离，影响透视的参数只有一个，就是焦点主体与镜头的距离。

三、景深控制

　　随着影视剧视觉艺术的发展和观众审美需求的提高，不同景深的画面在影视剧中越来越占据主导位置。比如"于正剧"，但凡看过于正拍摄的电视剧的观众，对其"于正美学"都深有体会。"于正剧"多以古装剧为主，服道化精美绝伦，色彩丰富明艳，近年来，"于正剧"的用色趋向发生变化，比如《延禧攻略》中的沉稳、淡雅色调，使得画面更加清新秀丽。同时，在画面的空间表现上更加注重对景深的控制。

　　李子柒的短视频将都市田园生活与乡村传统美食制作结合起来，近年来流量持续升级。唯美，是她短视频的特点之一。美是一种力量，在她的视频里，中国四川绵阳农村的四季充满了勃勃生机，春天的笋、夏天的荷花、秋天的桂花、冬天的梅花，还有她那个物产丰富的小院子，都让人心生美好。好一幅田园图，与陶渊明的"采菊东篱下，悠然见南山"也无二致，颇有古人的田园诗之美。李子柒短视频的美，除了色彩和构图的考究，最大的特色就是对景深和画面虚实的把控，使人、景、物达到一种天然的、极致的协调。

（一）小景深的控制

小景深的运用常常是为了突出主题、净化背景，在小景深的场景中，主体物会非常清晰，而背景会相对模糊，摄影师可以尝试用小景深来拍摄那些会干扰主体的部分。这样的方法所提供的画面信息较少，但是却能更加突出摄影师要彰显的视觉中心，从而强调主题和突出画面的情感。在一些为了凸显烂漫和美好氛围的拍摄镜头中，可以尝试用小景深将画面定格于小场景，在于正的《延禧攻略》中，单纯的大特写镜头比较少见，凸显景深的同时强调画面主体与环境关系的镜头非常多，如图 4-6 所示，人物是中景、近景，并不是特写，背景有不同程度的虚化，但可见可感，这样的画面虽然景深小，但画面内容却很丰富，既不会让人物显得过度张扬，也不会让背景显得可有可无，人在景中，景应人生，人景辉映和谐，让叙事不至于单调乏味。

图 4-6 《延禧攻略》剧照：小景深画面

（二）大景深的控制

大景深的手法常用广角镜头来囊括较多的信息。通过大景深的广角镜头来体现山河的壮阔，在一些对城市建筑和自然风光的拍摄中运用大景深能将主题与周围的环境紧密联系起来，突显画面空间的辽阔。当然大景深的运用不应该拘泥于对事物环境的呈现，在拍摄一些人潮涌动，烘托热闹繁华的气氛的场景时也十分有用。如《延禧攻略》在场景设计上，灰墙黄瓦红廊柱，苍凉深宫院墙深，更符合观众对深宫的想象，如图 4-7 所示。大景深与画面透视效果配合，对环境空间的展现和剧情氛围的营造起到了良好的作用。

图 4-7　《延禧攻略》大景深画面

（三）虚实关系的景深控制

　　虚实对比是画面构图的常用方法，影视摄影中的虚实变化情况常常是依靠控制景深而达到的，为了表现不同的效果，摄影师不该拘泥于景深固有规律所呈现的单一虚实效果，可以采用后景实、前景虚，或者前景实、背景虚等手法对画面进行虚化处理，有效地把控景深可以使画面的层次、感情的层次表达得更加清晰，摄影师在拍摄时应该灵活运用虚实关系的景深控制。有时画面聚焦于人物的面部表情和细小的肢体动作，而将背景虚化，这是典型的特写镜头，用来表现耐人寻味的情感，增加细节的可观性；大景别镜头也可以做虚化处理，需要注意画面的前景、后景的层次，以及人物及其背景的关系。比如图 4-8 中，李子柒的短视频常用全景虚实处理，左图中前景实，后景虚，人物置于后景之中，隐约可见；右图中前景虚，后景实，人物也是置于后景中，清晰可见，这样的虚实设计使得人物没有喧宾夺主，景物没有孤芳自赏，更能体现人景和谐，特别是对乡村田园风光和诗意般的生活无疑进行了很好的凸显。

图 4-8　李子柒短视频：虚实关系

（四）用景深代替调焦

　　在实际摄影中，设定好光圈和镜头焦距的固定值，焦距的大小将会和景深的大小呈现反比。这是因为在焦点物体较近的情况下，焦距大，拍摄对象前后范围内的物体较为模糊，即景深减小。反之，焦点物体较远的情况下，焦距小，拍摄对象前后范围内的图像清晰度会增加。例如，在拍摄自然景物时，摄影师会利用相机的广角镜头来达到提升清晰度的同时也能扩大景深范围，而在拍摄一些特写镜头时，会采用长焦镜头来拍摄小景深的场景。在摄影过程中，针对不同镜头的表达，需要摄影师进行调焦，焦距的把控直接决定了画面表达的主体。在拍摄影视作品的运动对象时，要完成准确调焦是很困难的事情，对此，摄影师不该去挑战极限，而是应该另辟道路，在此利用景深去控制画面范围是有效获得清晰影像的方法，高效地达到目的，同时也能减少摄像师对调焦的压力。由此可见，在影视摄影中利用景深代替调焦是十分必要的，摄影师应该学会调整和把控。

四、单反相机和摄像机的景深效果比较

摄像机是常见的视频拍摄设备，单反相机主要的功能是拍摄照片，但随着数码技术的发展，单反相机的视频拍摄功能越来越成熟，利用单反相机拍摄视频的人越来越多。

(一) 单反相机的景深效果

单反相机更换镜头比较方便，可以选择大光圈长焦定焦镜头。单反相机更容易拍出小景深效果。在小景深画面比较流行的时候，单反相机拍摄视频受到很多人的追捧就是这个原因。特别是在拍摄有灯光等光斑画面的时候，灯光的虚化可以营造美轮美奂的效果。但是，由于前景、后景清晰的范围比较小，主体的稍微移动都可能产生虚焦，变得不清晰，因此要把握好被摄主体的纵深位置，相机也要保持稳定。不过也能通过主体人物在纵深空间的调度，形成由虚到实，然后又由实到虚的入镜、出镜效果，具有一定的悬念和神秘感。

(二) 摄像机的景深效果

一般来说，摄像机都是配备一个变焦镜头，没法随心所欲地更换，其长焦小景深画面是没法和单反相机的大光圈长焦镜头相比的。因此，在拍摄浅景深画面方面，要稍逊于单反相机，但是它更容易拍出大景深画面，比如新闻现场的拍摄，可以借助视域广阔的广角镜头，拍摄大场景画面，从而保持画面细节清晰。

第三节　场面调度

一、什么是场面调度

我们前面学习了一些关于画面构图、拍摄角度和镜头运动方面的知识，这些知识往往都是基于单个镜头的表现，在实际拍摄中，每一个镜头都不是独立存在的，要考虑它与前后镜头之间的组接关系，如果不顾前因后果地一通乱拍，那么编辑的

时候就会很伤脑筋。所以，在拍摄时，就要从整体上进行镜头调度。镜头调度是场面调度的一个方面。场面调度本来用于戏剧、舞台剧方面，指导演对演员在舞台上表演活动的位置变化所做的处理，是舞台排练和演出的重要表现手段，也是导演把剧本的思想内容、故事情节、人物性格、环境气氛以及节奏等，通过自己的艺术构思，运用场面调度方法，传达给观众的一种独特的语言。场面调度是在银幕上创造电影形象的一种特殊表现手段，是演员调度和摄影机调度的统一处理，被引用到电影艺术创作中，其内容和性质与舞台上的不同，还涉及摄影机调度，也就是镜头调度。比如，我国第一部电影《定军山》(1905 年)就是舞台调度与镜头调度的结合。

　　场面调度是各种要素的综合运用，非常复杂，我们从了解基本规律和基本方法入手，学习镜头调度的主要内容，轴线规律就是其中最基本的规律。

二、轴线与轴线规律

(一)轴线及其分类

　　所谓轴线，是指被摄对象的视线方向、运动方向和不同对象之间的关系所形成的一条假想的直线或曲线。它们所对应的称谓分别是方向轴线、运动轴线、关系轴线。在进行机位设置和拍摄时，要遵守轴线规律，即在轴线的一侧区域内设置机位，不论拍摄多少镜头，摄像机的机位和角度如何变化，镜头运动如何复杂，从画面上看，被摄主体的运动方向和位置关系总是一致的，否则，就称之为"越轴"或"跳轴"。越轴后的画面，被摄对象与前面所摄画面中主体的位置和方向是不一致的，出现镜头方向上的矛盾，造成前、后画面无法组接。此时，如果硬性组接，就会使观众对所组接的画面空间关系产生视觉混乱。所以，轴线规律也是我们进行画面编辑时要遵循的基本规律。

　　1. 方向轴线

　　我们一再提到画面的方向，方向轴线也称"视线方向轴线"，就是拍摄的人物或动物的眼睛的视线方向线，以拍摄人物为例，被摄人物的直视线就是轴线。在主观镜头里，一般都体现方向轴线，主体的视线方向比较明确，而且通常与所视对象的镜头形成连续的组接。

　　2. 关系轴线

　　实际上方向轴线常与关系轴线同时存在，人物及其所视对象连接起来，就形成关系轴线，形成关系的主体常常出现在一个画面中。最常见的关系轴线存在于二人对话镜头的拍摄中。在这种面对面的对话镜头中，关系轴线和方向轴线是一致的，人物在画面中的位置关系不变，视线方向也不会改变。

　　3. 运动轴线

　　处于运动中的人或物体，其运动方向构成主体的运动轴线，或称为"主体运动轨迹"。在拍摄一组相连的镜头时，摄像机的拍摄方向应限于轴线的同一侧，不允许越到轴线的另一侧。否则，就会产生"离轴"镜头，出现镜头方向上的矛盾，造成画面空间关系的混乱。主体运动的速度越快，"轴线"的作用就越明显。

看到这里，大家应该已经发现，之所以要遵循轴线规律，主要是我们目前的二维画面空间存在视觉上的左、右之分，越轴就会左右颠倒。为了丰富电视画面语言，往往需要打破"轴线规律"，避免镜头局限于轴线一侧，而是以多变的视角，立体化地表现客观现实空间。这就需要通过有效手段，或借助一些合理因素，或以其他画面作为过渡，起到一种"桥梁"作用，既避免"越轴"现象，又能够形成画面语言的多样性和丰富性。所以，下面我们看看合理越轴的方法。

（二）如何合理越轴

1. 插入过渡镜头

我们可以在越轴镜头之间插入其他镜头进行过渡，同时缓和观众视觉上的跳跃。

第一种是插入空镜头过渡。这里的空镜头可以这样理解，是在主体空间与主体没有直接联系的环境的镜头，这个空镜头没有轴线概念，但最好与前后镜头有时空统一性。比如图4-9中，左、右镜头越了关系轴线，在这两个人物对话的越轴镜头中，插入周围环境的空镜头，可以缓和视觉跳跃。这里的空镜头就是镜头段落中的切出镜头，有旁跳效果。

图4-9　插入空镜头越轴

第二种可以插入的镜头就是拍摄对象的特写镜头，最好是表现局部细节的镜头，也就是我们讲的切入镜头，特写镜头对环境关系具有排斥性，也可以视为没有轴线和方向。比如图4-10中，人物视线方向的越轴镜头之间还可以插入其中一个任务的手部特写镜头来过渡。

第三种是插入中性镜头来间隔越轴镜头，中性镜头就是在轴线上面拍摄的镜头，也称为"骑轴镜头"，相当于这时候轴线处于画面的纵深方向，没有左右之分，所以可以看作不存在轴线。以图4-11中的运动轴线为例，当上、下镜头运动方向相反时，中间可以插入中性镜头过渡。

图 4-10　插入特写镜头越轴

图 4-11　插入中性镜头越轴

2. 利用运动改变轴线

轴线不是一成不变的，摄像机的运动或是被摄对象的运动都可以改变轴线，如果将这一改变过程记录下来，就会让观众清楚地看到轴线的改变，也就不会形成视觉错乱。比如，拍摄人物对话场景的时候，有时候为了让画面更加富有变化，会在人物周围铺设轨道，使摄像机可以以人物为中心进行移动，移动摄像所带来的越轴过渡，可以看作摄像机从轴线上跨越过去，观众可以清楚地看到机位的改变，图 4-12 中就是这种情况；另外，如果摄像机机位和运动方式保持不变，画面的被摄对象改变了原来的运动轨迹，或者视线方向，或者位置关系，我们将这变化过程记录下来，观众也可以完成视觉转换。

图 4-12　利用摄像机运动改变轴线

3. 利用双轴线越轴

在拍摄场景比较复杂的情况下，不仅轴线会发生变化，而且还存在多条轴线，比如，在一边走路一边对话的两个人物的拍摄中是比较常见的，这时候存在运动轴线和关系轴线，就是双轴线，只越一条轴线，另一条轴线保持不变，是没有问题的，因为这时空间上面还是连续和统一的。比如，图 4-13 中，在左、右两个画面中，摄像机越过了运动轴线，但是没有越过关系轴线，而且人物景别发生了变化，这两个画面就可以组接在一起。

图 4-13　双轴线

第四节　三角形机位与对话镜头拍摄

在影视作品中，对话镜头是重要的叙事镜头，对于情节的展现和推进尤其重要。前面提到过对话镜头的拍摄，轴线规律运用最典型也是最常见的案例就是对话场景拍摄中的三角形机位设置方法，影视剧作品中的这类镜头是必备的。

一、二人对话：三角形机位设置方法

三角形机位设置方法主要用于二人对话镜头的拍摄，我们来看电影《大话西游》中的经典段落，如图 4-14、图 4-15、图 4-16 所示。这是至尊宝的一次"真情"告白，说得很动情，紫霞仙子虽然没有说话，但是她用表情给予了充分的回应。很明显，这是在关系轴线下拍摄的一组镜头，没有越轴，且都是固定镜头硬切。在这个场景的拍摄中，可以看到三种特征比较明显的拍摄角度：第一种，两个人物全景，对视分列画面两端，表明位置关系；第二种，两个人物的特写镜头，一个人物正侧面，一个人物背侧面，有主次之分，关系轴线不变；第三种，一个人物特写，正侧面，视线方向与其他镜头保持一致。这就是两人对话场景的三角形机位设置中常见的总角度、外反拍角度和内反拍角度。

图 4-14　电影《大话西游》剧照：总角度镜头

图 4-15　电影《大话西游》剧照：外反拍镜头

图 4-16　电影《大话西游》剧照：内反拍镜头

（一）总角度机位

　　一个场景中，两个演员之间的关系轴线是以他们相互视线的走向为基础的，在关系轴线的一侧有三个顶端位置，这三个顶端构成一个底边与关系轴线平行的三角形，这就是我们说的拍摄对话场景的三角形机位布局原理，这种方法在两个演员视觉上呈现直线构图时运用最为广泛，也就是我们前面提到的《大话西游》的经典场景。

这个三角形的顶角处机位就是总角度机位，总角度往往是从涵盖的角度来拍摄一场戏的主要人物，不仅展现人物关系，还确定场景的光效、色调等。总角度也称总方向，起到定位的作用，用来保证场景的空间关系的统一，一般都是全景镜头。在拍摄的时候，常常先拍摄总角度镜头，再拍摄其他角度的镜头。

（二）外反拍机位

摄像机位于三角形底边上的两个机位分别处于被摄对象的背后，靠近关系轴线向内拍摄的时候，形成外反拍三角形布局。从外反拍三角形布局拍摄的画面来看，两个人物都出现在画面中，一正一背，一远一近，互为前景和背景，人物有明显的交流关系，画面有明显的透视效果。从戏剧效果上来讲，两个被摄人物一个面向镜头，也就是面向观众，另一个背向镜头，也就是背向观众，这样的格局有利于突出正面形象的人物，而利用机位和镜头的变化情况把前景人物的背影拍摄虚化的话，则更能够实现这一效果。图 4-17 中（1）号机位为总角度机位，（2）、（3）号机位则为外反拍机位。

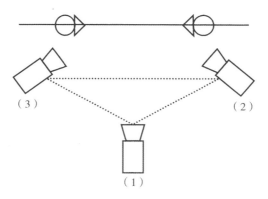

图 4-17　外反拍三角形机位设置示意图

在这种情况下，三角形底边的两个摄影机位都是在两个主要演员的背后，靠近关系线，向里把两人都拍入画面。外反拍角度拍摄时一般是越过前景演员的肩部拍摄后景演员的正侧面，一般也称为过肩镜头，需要注意的是，前景演员的鼻子不宜摄入画面，因为鼻子入画，眼睛就会入画，其视线可能会破坏画面的平衡和对后景演员的表现力度。外反拍角度拍摄的镜头在电影、电视剧、纪实性节目采访的对话段落中应用非常广泛，电影《乱世佳人》中斯嘉丽和阿希礼的对话、电视剧《欢乐颂》中关雎尔和邱莹莹的对话、中央电视台新闻中记者与采访对象之间的对话，都是外反拍角度的画面效果。

（三）内反拍机位

内反拍机位设置中两个摄影机位与关系轴线平行，面向外各自拍一个演员。如

图 4-18 所示，这时摄像机是在两个演员之间，从三角形向外拍，靠近关系线，但并不表现演员的视点，而是一种客观视角。还有一种比较特殊的内反拍角度，如果我们将内反拍三角形顶角机位设置在关系轴线上，如图 4-19 所示，三角形底边与关系轴线平行的时候，两台摄像机相背设立，画面中的人物形象相当于另一个人物主观观察的视角（要注意，由于两个人物未必是正面相对，所以，这时候画面内的人物也相应的未必是正面形象），这就叫作主观拍摄角度，用来模拟片中人物的主观视觉感觉。

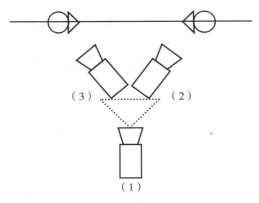

图 4-18　内反拍三角形机位：客观视角

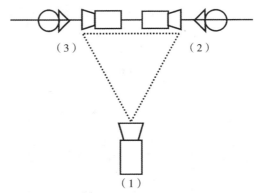

图 4-19　内反拍三角形机位：主观视角

从内反拍三角形布局拍摄的画面来看，两个人物分别出现在画面中，视线方向各自朝向画面的一侧。每个画面中只出现一个人物，能够起到突出的作用，引导观众视线，用以表现单人形态和对白等。

(四) 平行三角形机位

当两个摄影机的视轴互相平行时，它们各自拍下一个演员的侧面像。如图 4-20

所示，平行三角形布局拍摄的画面中，两个被摄对象的形象都是平齐的，面貌方向也是相同或相对的。如果我们在景别、构图方面加以注意控制的话，就可以得到两个被摄人物画面内容相近、画面结构相似的表现两个人物单人形貌的画面。客观上来讲，这对两者具有公平看待、等量认同的心理感觉，画面也显得对称均衡。

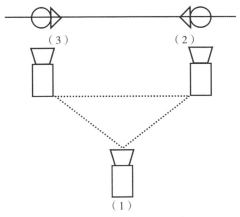

图 4-20 平行三角形机位

(五) 综合三角形机位

上述四种情况综合起来所获得的所有机位设置情况在对话场景拍摄中都会经常用到，如图 4-21 所示，展示出各种组合的全貌。一个三角形内包括 9 个摄影机视点，所有位置可以成对地组合来拍摄两个演员，唯有内反拍和平行位置只能各拍一个演员。

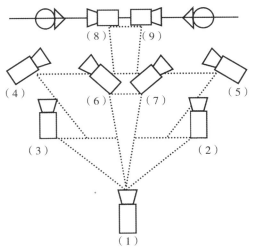

图 4-21 综合三角形机位设置

（六）对话镜头拍摄顺序

虽然对话镜头拍摄时演员的站位是多种多样的，但是外反拍和内反拍角度真的很常见，也很好用。那么在实际拍摄中，应该怎么操作呢？比如，以两人成直线的面对面对话场面为例来进行拍摄。我们知道，这时候，画面中两人之间形成关系轴线，他们的视线方向轴线也与关系轴线是一致的，这种情况下一般是不能跳轴的，否则就会出现二人位置的错乱。有人说，很简单，用三个机位，或者至少两个机位啊。在新闻访谈中或者演播厅中拍摄的时候，我们常常架设两个甚至三个机位，但是在影视作品的拍摄中，常常都是一个机位。

很多人可能会按照分镜头稿本或者对话的顺序——拍摄，这样也不是不可以。但是这样拍摄的弊端也比较明显，那就是所有人员都很累，摄像师很累，演员也很累，如果有灯光师、场记等，他们也是很累的。

其实，我们发现，在三角形机位的二人对话场景拍摄中，镜头一共有三个方向，因此，可以将镜头分成三组来拍摄。第一组是总角度方向的镜头，可以拍摄几个镜头；第二组是拍摄其中一个演员的内反拍、外反拍、平行机位的镜头；第三组是拍摄另一个演员的内反拍、外反拍、平行机位的镜头。这样分组后，机位往往只需要移动三次，布景也只需要三次，同时还有一个好处，那就是拍摄一个演员的内反拍镜头时，由于另一个演员并没有入画，他就可以去休息，哪怕是过肩镜头，由于前景演员只有部分背侧面入画，也可以找替身代替。当然，这种方法对演员的表演能力要求比较高，因为他们可能需要真正的表演、没有对象的对话，或者顺序错乱的台词。

当然，还有些情况比较复杂，比如对话的人物并不是面对面的位置关系，他们可能是并列坐着或者往前走，或者成直角关系，又或者是很多人在一起聊天，围成圈等。不论情况多么复杂，我们只要充分考虑画面中的人物关系、人物动作和对话的充分表达，同时注意剪辑的规律，将镜头分组拍摄，就能理出头绪。

二、多人对话：段落拆分

上面讲到的三角形机位设置拍摄二人对话镜头相对来说比较简单，而多人对话镜头拍摄一直是影视拍摄中的一道难题，多人参与的由对话驱动情节的场景因为其轴线的复杂，考验了不少导演和剪辑师。电影《十二怒汉》可以算得上这方面的翘楚了。影片讲述了一个在贫民窟长大的男孩被指控谋杀生父，案件的旁观者和凶器均已呈堂，铁证如山，而担任此案陪审团的 12 个人要于案件结案前在陪审团休息室里讨论案情，而讨论结果必须一致通过才能正式结案的故事，影片展现的就是陪审团讨论的过程，因此都是对话，而且是 12 个人之间的。

在 12 个人之间调度，影片使用了大量技巧来避免和弱化越轴问题，比如首先用一个六分钟的长镜头通过演员调度引导镜头粗略引入各个角色，然后利用造型（一号陪审员站立，其他陪审员坐着）避免了越轴困惑，确定了大略方位后是各种小处理，比如根据剧情焦点确定临时的轴线，利用目光传导注意力来暗示方位，用"按座位顺序发言"条理清晰地表现空间关系等。时长 90 多分钟的电影播完，12 个人之间的复杂空间关系不会让任何观众产生困惑。

　　如此复杂的多轴线对话场景并不多见，在拍摄中实际上还是进行了不同的分组，每组中可以是一人对一群人、一人对一人、一群人对一个人等多种关系组合，因为对话是二者之间的呼应关系，并不是大家七嘴八舌地各说各话，所以，不论多么复杂的对话场景，实际上都可以拆分成二人（或者说双方）对话的段落，然后利用关系轴线来安排机位。这种拆分段落的方法，在多人对话镜头拍摄中经常使用。电影《让子弹飞》中也有一段黄四郎、张麻子、汤师爷三人的对话场景，三个人的会谈主要是两两之间的对话，因此形成了三条轴线，而且轴线处于不断变换之中，机位也在变换之中，如图 4-22 所示。

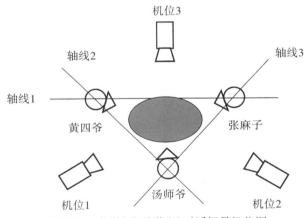

图 4-22　电影《让子弹飞》对话场景机位图

　　这场戏大约 10 分钟，300 多个镜头，但是没有全景镜头，原因是棚里铺设了 360 度环形轨道，用三台摄影机不断拍摄，为了避免摄影机互相穿帮以及光影的矛盾，三位主角的镜头都是近景和特写，利用移动镜头交代空间关系的转换完成了越轴的任务。从第一个镜头开始，摄影机就是架在轨道上缓慢向右移动，连续 42 个镜头皆如此，营造了一种轻松张弛的气氛。

　　在图 4-23 中，第一个镜头是张麻子面向自己右边说话，第二个镜头是黄四郎向左边聆听，两个近景镜头交代清楚了张、黄二人的空间关系。第三个镜头中张麻子说着话，转头看向了汤师爷，把汤师爷的空间方位也带了进来。

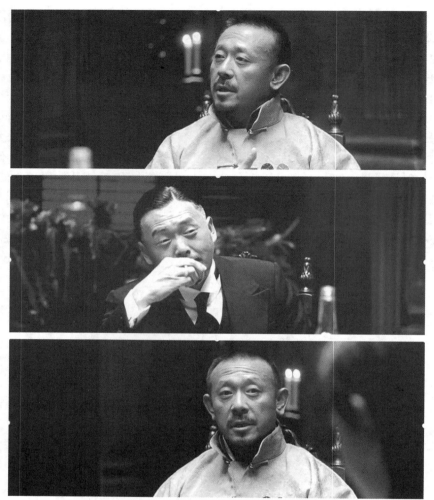

图 4-23　电影《让子弹飞》三人对话场景（上、中、下图分别是第一、二、三个镜头）

第五节　分镜头稿本创作

我们已经学习了影像基础和摄像技巧，这使我们基本掌握了所有的镜头语言，同时，我们学习了数字视频技术和影视编辑原理，这使我们建立了编辑意识，掌握了镜头组接的规律和影视作品的结构方法。拉片的练习使我们初步领略了镜头分分合合的魅力，接下来的分镜头稿本创作则是综合调动各种视听语言来将我们的创意进行镜头化的过程。

一、剧本

(一)剧本的概念

一般来讲，剧本接近一种文学体裁，主要由人物对话(或唱词)和舞台提示组成。对话、独白、旁白都采用代言体，在戏曲、歌剧中则常用唱词来表现；舞台提示是以剧作者的口气来写的叙述性的文字说明，包括对剧情发生的时间、地点的交代，对剧中人物的形象特征、说话语气、形体动作及内心活动的描述，对场景、气氛的说明，以及对布景、灯光、音响效果等方面的要求。

剧本出现在戏剧正式形成并成熟之际，是戏剧艺术的重要组成部分。英国著名的戏剧家莎士比亚创作的四大喜剧(《皆大欢喜》《无事生非》《终成眷属》《威尼斯商人》)和四大悲剧(《奥赛罗》《麦克白》《哈姆雷特》《李尔王》)至今为人称颂。中国的戏曲和话剧艺术也是精彩纷呈，留下了很多精品，比如曹禺的话剧《雷雨》、老舍的话剧《茶馆》等。

戏剧剧本是与舞台演出联合呈现的艺术形式。一部可以在舞台上搬演的剧本原著，还需要在每一次不同舞台、不同表演者的需求下，做适度的修改，以符合实际的需要，因此，舞台工作者会修改出一份不同于原著，有详细注记，标出在剧本中某个段落应该如何演出的工作用的剧本，这样的剧本叫作"提词簿"或"演出本""台本"，电视剧拍摄时往往就使用这种"台本"，实际上镜头的调度、演员的表演很多都是临场发挥。

(二)剧本的结构

写剧本实际是编故事，要编好一个故事，首先要构思好你的主题思想、故事走向、人物关系、情节高潮等。美国好莱坞有一套编剧规律，即开端，设置矛盾，解决矛盾，再设置矛盾，直至结局。中国也有自己的编剧规律：起、承、转、合。一般剧本都以"幕""场""景"等划分故事段落，或者直接用"开端""发展""结局"等表明故事脉络。因为故事一般都有发生的时间和地点，所以剧本一般都是分景剧本，主要的分景剧本是下面这样的格式。

1. 开头

剧本开头罗列剧中人物角色及关系，然后写明"第一幕或第一场"，接着讲这场戏发生的时间、地点、人物。比如莎士比亚的《威尼斯商人》开头就是这样的：

　　威尼斯公爵
　　摩洛哥亲王 阿拉贡亲王 鲍西娅的求婚者
　　安东尼奥 威尼斯商人
　　巴萨尼奥 安东尼奥的朋友
　　葛莱西安诺 萨莱尼奥 萨拉里诺 安东尼奥和巴萨尼奥的朋友

罗兰佐 杰西卡的恋人

夏洛克 犹太富翁

杜伯尔 犹太人，夏洛克的朋友

朗斯洛特·高波 小丑，夏洛克的仆人

老高波 朗斯洛特的父亲

里奥那多 巴萨尼奥的仆人

鲍尔萨泽 斯丹法诺 鲍西娅的仆人

鲍西娅 富家嗣女

尼莉莎 鲍西娅的侍女

杰西卡 夏洛克的女儿

威尼斯众士绅、法庭官吏、狱史、鲍西娅家中的仆人及其他侍从

地点：一部分在威尼斯；一部分在大陆上的贝尔蒙特，鲍西娅邸宅所在地

第一幕

第一场 威尼斯 街道

安东尼奥、萨拉里诺及萨莱尼奥上。

2. 景象

有的剧本会介绍场景的外貌、人物的身份、故事的背景等，有的剧本并不介绍内容，而是根据情况做决定，如需介绍，简单地以画面形象说明即可。剧本《雷雨》在序幕里就用较多篇幅对场景进行了描写。

序　幕

景：一间宽大的客厅。冬天，下午三点钟，在某教堂附设医院内。

屋中是两扇棕色的门，通外面；门身很笨重，上面雕着半西洋化的旧花纹，门前垂着满是斑点、褪色的厚帷幔，深紫色的；织成的图案已经脱了线，中间有一块已经破了一个洞。右边——左右以台上演员为准——有一扇门，通着现在的病房。门面的漆已经蚀了去，金黄的铜门钮放着暗涩的光，配起那高而宽，有黄花纹的灰门框，和门上凹凸不平，古式的西洋木饰，令人猜想这屋子的前主多半是中国的老留学生，回国后又富贵过一时的。这门前也挂着一条半旧，深紫的绒幔，半拉开，破或碎条的幔角拖在地上。左边也开一道门，两扇的，通着外间饭厅，由那里可以直通楼上，或者从饭厅走出外面，这两扇门较中间的还华丽，颜色更深老；偶尔有人穿过，它好沉重地在门轨上转动，会发着一种久摩擦的滑声，像一个经过多少事故，很沉默，很温和的老人。这前面，没有帷幔，门上脱落，残蚀的轮廓同漆饰都很明显。靠中间门的右面，墙凹进去如一个神像的壁龛，凹进去的空隙是棱角形的，划着半圆。壁龛的上大

半满嵌着细狭而高长的法国窗户，每棱角一扇长窗，很玲珑的；下面只是一块较地板略起的半圆平面，可以放着东西，可以坐；这前面整个地遮上一面的折纹的厚绒垂幔，拉拢了，壁龛可以完全掩盖上，看不见窗户同阳光，屋子里阴沉沉，有些气闷。开幕时，这帷幕是关上的。

　　墙的颜色是深褐，年久失修，暗得褪了色。屋内所有的陈设都很富丽，但现在都呈现着衰败的景象。——右墙近前是一个壁炉，沿炉嵌着长方的大理石，正前面镶着星形彩色的石块；壁炉上面没有一件陈设，空空地，只悬着一个钉在十字架上的耶稣。现在壁炉里燃着煤火，火焰熊熊地，照着炉前的一张旧圆椅，映出一片红光，这样，一丝丝的温暖，使这古老的房屋还有一些生气。壁炉旁边搁放一个粗制的煤斗同木柴。右边门左侧，挂一张画轴；再左，近后方，墙角抹成三四尺的平面，倚的那里，斜放着一个半人高的旧式紫檀小衣柜，柜门的角上都包着铜片。柜上放着一个暖水壶，两只白饭碗，都搁在旧黄铜盘上。柜前铺一张长方的小地毯；在上面，和柜平行的，放一条很矮的紫檀长几，以前大概是用来摆设瓷器、古董一类的精巧的小东西，现在堆着一叠叠的雪白桌布、白床单等物，刚洗好，还没有放进衣柜去。在下面，柜与壁龛中间立一只圆凳。壁龛之左(中门的右面)，是一只长方的红木菜桌。上面放着两个旧烛台，墙上是张大而旧的古油画，中间左面立一只有玻璃的精巧的紫檀柜。里面原为放古董，但现在是空空的，这柜前有一条狭长的矮凳。离左墙角不远，与角成九十度，斜放着一个宽大深色的沙发，沙发后是只长桌，前面是一条短几，都没有放着东西。沙发左面立一个黄色的站灯，左墙靠前略凹进，与左后墙成一直角，凹进处有一只茶几，墙上低悬一张小油画，茶几旁，再略向前才是左边通饭厅的门。屋子中间有一张地毯。上面对放着，但是略斜地，两张大沙发；中间是个圆桌，铺着白桌布。

3. 人物对白与动作

人物的对白与动作是剧本的主要内容，是剧情冲突和角色关系的主要载体。一般就是在人物姓名(有时候用简称)后面直接写上他说的话，人物的表情、视角、动作等提示可用括号表示，位置可以在人物对白之上，也可以在人物对白之下，看人物讲话的先后。下面是剧本《茶馆》中开场的对话。

　　王利发　唐先生，你外边蹓蹓吧！

　　唐铁嘴　(惨笑)王掌柜，捧捧唐铁嘴吧！送给我碗茶喝，我就先给您相相面吧！手相奉送，不取分文！(不容分说，拉过王利发的手来)今年是光绪二十四年，戊戌。您贵庚是……

　　王利发　(夺回手去)算了吧，我送你一碗茶喝，你就甭卖那套生意口啦！

用不着相面，咱们既在江湖内，都是苦命人！（由柜台内走出，让唐铁嘴坐下）坐下！我告诉你，你要是不戒了大烟，就永远交不了好运！这是我的相法，比你的更灵验！

影视作品的制作中，往往是先由编剧创作剧本，然后由导演再创作分镜头稿本。有了好剧本，作品就成功了一半。如果剧本故事糟糕、角色无聊、情节老套，那么再好的导演和演员也无计可施；如果剧本故事出色、角色有趣、情节惊人，那么导演的创作也会如鱼得水，演员的表演也会水到渠成。剧本创作是非常专业的工作，编剧一般都是作家，所谓"金牌编剧"都是难能可贵的香饽饽。

（三）短剧本

对于初学编剧的人或者非专业编剧来说，又或者创作微电影等篇幅较短的作品的人来说，写作短剧本是比较实惠的方法。短剧本主要阐述主题意义、主要人物、故事梗概，然后将整个故事按照开端、发展、高潮、结尾的顺序进行写作，其中也可以分场景，通过对话的形式呈现整个故事。

二、分镜头稿本

（一）分镜头稿本的概念及类型

分镜头稿本也是一种剧本，不过是一种摄影剧本，是将文字转换成立体视听形象的中间媒介。分镜头稿本的作用就好比建筑大厦的蓝图，是摄影师进行拍摄，剪辑师进行后期制作的依据和蓝图，也是演员和所有创作人员领会导演意图、理解剧本内容、进行再创作的依据。

分镜头稿本创作一般也是先分景再分镜，根据其适用的体裁不同，可以分为电视剧分镜、电影分镜、广告分镜、动画分镜等。根据形式的差别，分镜头稿本可以分为台本：文字或表格分镜，主要是台词，电视剧拍摄中用得较多；故事板：主要是绘画分镜，草稿表达意思即可，复杂的情景可以请分镜绘画师，也可以用电脑完成；动态预演：可视化 3D 动态分镜，用软件测试，主要运用在动作复杂、虚景多、特效多的仙侠、探险、科幻、飙车等电影题材上；后期特效分镜：主要为特效团队、后期影视公司的事项，包括绿幕合成、角色虚拟、三维动画等。其中，表格分镜头稿本和故事板创作相对简易，比较适合初学者。

（二）表格分镜头稿本

表格分镜头稿本比较适合影视创作初学者，主要通过表格和文字的形式，对作品的场景、镜头语言、声画内容等进行描述和说明，其格式与拉片记录单的格式相似，考验的是创作者的镜头调度能力和画面想象能力。表 4-1 中是对电影《活着》拉片记录单显示的影片前三个镜头的分析，表 4-2 中就是按照表格分镜头稿本的格式对这三个镜头进行的原始设计（假设这是拍摄前的分镜设计）。

表 4-1 　　　　　　　　　　　　　《活着》拉片记录单

镜号	场景	截图	景别	技巧	画面内容	声音	画面阐述
1	街头		全景	固定	清晨的街头	皮影戏的二胡声、赌场的声音	影片幕布拉开，交代了故事发生的时间和地点，特别是清晨的表现，暗示福贵又彻夜未归
2	赌场		全景	固定	赌场全貌	皮影戏的二胡声、赌场的声音	赌场热闹非凡，灯火通明，进一步交代了故事发生的具体环境。其中，红灯笼是张艺谋的特别情结
3	赌场		中近景	固定	福贵少爷正在摇色子	摇色子的声音	从全景到中近景的转换，是常见的人物出场方式，从福贵少爷的表情和动作来看，它是赌场老手，无光的眼神和无所谓的表情一下就把败家子形象展现出来，为后面的情节发展做了铺垫

表 4-2 　　　　　　　　　　　　　《活着》分镜头稿本

镜号	场景	时间	景别	技巧	画面内容	声音	备注（关于场景、人物形象和表演、后期效果等方面的特别说明）
1	街头	5秒	全景	固定	清晨的街头，依稀见得两三个人的背影	皮影戏的二胡声、赌场的声音	字幕居中：四十年代 画面淡入
2	赌场	5秒	全景	固定	赌场全貌：灯火通明，人员满堂，热闹非凡	皮影戏的二胡声、赌场的声音	特别道具：红灯笼 画面叠化 需较多群众演员
3	赌场	5秒	中近景	固定	福贵少爷正在摇色子	摇色子的声音、赌场的声音	人物抬头偏向左侧，眼神无光，面无表情

　　比较起来看，拉片记录单与分镜头稿本的格式非常相似，都有镜号、场景、景别、技巧、画面内容、声音等项目。具体名称是固定不变的，"技巧"可以改为"拍摄方式"，"声音"可以再根据不同的作品具体为"解说词""对白""音效"等。不同

之处在于：分镜头稿本里面可以删除"场景"项，只做镜头的说明；增加了每个镜头的拍摄时间的说明，一般比实际镜头时间长，方便后期剪辑；另外，拉片记录单中最重要的"画面阐述"是拉片作者对电影全面理解的具体体现，是拉片分析的结果呈现，要尽量详细，而分镜头稿本中的"备注"项没有严格的要求，只是导演对可规划的镜头形象或表现的提示性说明。

（三）绘画分镜头稿本

绘画分镜头稿本也称为"故事板"，起源于动画行业，直接将重要镜头以及镜头之间的串联关系绘制出来，直观呈现，相当于可视化剧本，在电影、微电影、广告拍摄中比较常见。20世纪90年代以来，电脑绘制软件渐渐取代了过去的手绘故事板，许多大制作的商业影片都在拍摄之前用电脑动画模拟的方式创建故事板，让复杂的电影拍摄更加形象、准确和简单。故事板的绘画和文字内容主要包括：镜头号、景别、摄法、摄影机位及运动轨迹、画面构图、生活场景、人物关系、人物调度、场景调度、镜头衔接、镜头长度等项目。比如，电影《非常完美》的导演对影片的设想为奇幻、浪漫、喜剧色彩都市爱情片，那么整个电影的镜头创作和气氛营造都是本着奇幻、浪漫的基调来进行构思。在这个大的框架形成之后，风格样式、镜头的节奏、镜头视觉效果、运动轨迹、镜头的组合等都是遵循着这个脉络设定。图4-24中显示了《非常完美》部分分镜头原稿与最终完成影片的比较，由此也可以

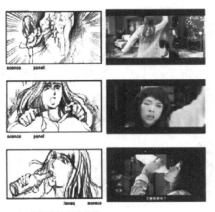

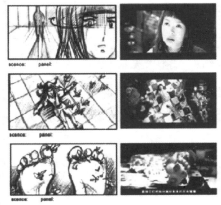

苏菲四仰八叉地躺在垃圾堆一样的地板上，痛苦地被无数只虫子咬着，她可怜地卷曲着身体。

19. 内　苏菲的家　想像世界
苏菲朝杰夫的脸就是一脚。顷刻间，有杰夫在的回忆变成一幅巨大的海报，苏菲站起来疯狂地把这纸一样的回忆，撕的粉碎。

20. 内　苏菲的家　厨房　夜
黑暗中，苏菲打开冰箱，立即被里面变质的食物熏得喘不上气来。她强忍着找到里面的牛奶瓶，咕咚咕咚喝下肚。

图4-24　电影《非常完美》故事板与实际画面对比①

---

① 袁萱：《〈非常完美〉电影分镜头创作解析》，载《影视制作》2009年第10期。

看出，分镜头在拍摄和制作中起到的指导作用。分镜头在开拍前确定了影片的基调、风格、镜头的机位、角度以及运动方式。但在后续创作过程中，导演、分镜头设计、摄影、美术等部门都会出现新的想法融汇到拍摄中，会有细微的变化调整，因此，最后完成的影片镜头与分镜头故事板并不是严丝合缝地一致。因此，分镜头故事板并不需要深化细节，传递出视觉信息最核心的要素才是最重要的。

第五章 视频特效

第一节 影视特效概述

一、影视特效的发展历程

(一)乔治·梅里埃的电影魔术

"电影魔术大师"——法国电影大师乔治·梅里埃，被认为是电影特效技术的开创者。他原是魔术师、木偶制作者和表演者，后来进入电影领域，将戏剧艺术和电影技术结合起来，在不断探索中，推开了电影特技的大门。

1. 停机再拍

早期电影都是一个镜头、一次拍摄，但是由于一次机器故障，在拍摄一辆公共马车时，不得不关机，等修好机器再拍时，一辆运棺材的马车正好行驶在原来马车的位置上，在观看时，梅里埃发现了停机再拍的奥妙。他在 1899 年拍摄的《灰姑娘》中，巧妙地用了停机再拍技术，创造了南瓜变成马车、灰姑娘华丽变身的画面效果。

2. 魔术手法

梅里埃采用"魔术照相"的手法，创造了慢动作、快动作、倒拍、多次曝光、叠化等一系列特技手法，在《灰姑娘》中，他就运用了慢动作摄影，使小仙女的舞蹈像在空中飞翔。

3. 银幕工艺

梅里埃是对当时各种电影表现手法予以创造性应用的人。1902 年拍摄的《印度橡皮头》中，梅里埃首次使用了分裂银幕工艺，用分次曝光的方法，在同一个画面中拍摄了他自己扮演的两个不同角色，取得了令人捧腹的视觉效果。1902 年的电影《月球历险记》更是开创了科幻电影的先河，其中的奇异景象极好地展现了电影特效的魅力。

(二)动画、模型、幕布技术

1933 年的美国电影《金刚》在当时堪称特效大片，为观众在银幕上呈现了金刚行走在原始森林、攀爬于帝国大厦顶端的奇幻场景，整个世界都为这部电影所展现的神奇场景而震惊。它所运用的定格动画和幕布技术的拍摄技巧，即使到了20世纪90年代，依然在被电影所借鉴，为电影特效未来的发展奠定了坚实的基础。

2005年，重新拍摄的电影《金刚》上映，效果更加令人叹为观止。特效技师们完成了53个微缩布景和模型，注入了更多奇幻和虚构元素，这一效果在雷龙四散奔逃和金刚大战三只暴龙的场景中得以最佳体现，其中每个用于数字扫描的恐龙模型均需1500小时才能完成。视觉特效技师们利用电脑CG技术还原了1933年的纽约城，整座城市耗时一年才全部完成，其中包括57468栋独特的曼哈顿建筑，32839栋皇后区、布鲁克林区和新泽西建筑，延伸长度超过26英里。城中所有建筑均为3D建筑，新型软件允许镜头任意穿插其中。

（三）电脑特技的发展

1977年，乔治·卢卡斯耗费1100万美元制作了科幻电影《星球大战》，影片融合了多种特小技巧：微缩模型、幕布技巧、特效化妆，还有给演员穿上机器外壳。这是电影史上第一个具有划时代意义的特效电影，在当今的电影特效行业依旧占据很重要的地位，这部电影创造的奇观世界让电影创作者们毫无顾忌地打开了想象空间，只要能想到的，就能做到，甚至做得超乎想象。乔治·卢卡斯还为该片特别成立了特效公司——工业光魔，"星球大战"系列与工业光魔推动世界电影特效进入发展上升期。

1982年，工业光魔发明了一个名为"源序列"的电脑处理方法，并将其应用在科幻电影《星际之旅之复仇女神》中，该影片出现了电影史上第一个完全由电脑产生的场景。此后，工业光魔为电影《年轻的福尔摩斯》制作了电影史上第一个电脑产生的角色"彩色玻璃人"，这也为制作"星球大战"系列前传里众多虚拟角色打下了基础；后来，工业光魔又为科幻电影《深渊》制作了电影史上第一个电脑三维角色；在1991年为《终结者2》创作了电影史上第一个电脑创造的主角；而在之后的讽刺喜剧《飞越长生》中，工业光魔第一次用电脑模拟成功了人类的皮肤。《侏罗纪公园》作为工业光魔最突出的成就，让世界电影史上第一次出现了由数字技术创造的，能呼吸的、有真实皮肤、肌肉和动作质感的角色。随后，工业光魔的技术越来越先进，想象力更广阔，创造了电影史上无数个第一，立体卡通人物《变相怪杰》、能说话的《鬼马小精灵》也相继出现在真人电影里，还有电影《加勒比海盗》《绿巨人》《龙卷风》《拯救大兵瑞恩》等中诸多特效来自工业光魔。

（四）3D电影登场

2010年，电影《阿凡达》席卷全球，3D电影开始以较为成熟的模式进入大众视野。这部电影我们十分熟悉，影片展示的潘多拉世界超乎想象，其中无论是动植物，还是山水，都极其逼真，这样创造出一个完整的生态系统，将一个全新的世界展现在观众面前，简直比真实世界还要真实。电脑特技的应用在影片效果的最终呈现中起到了十分重要的作用，《阿凡达》是一部将技术与艺术完美融合的作品。

2012 年，3D 版《泰坦尼克号》重回观众视野，虽然是翻新的影片，但是在制作上完全按照一部新影片在处理，原片导演卡梅隆亲自参与了每幅画面的转制过程，有 300 位计算机工程师为此辛苦了一年多。

(五) 4D 电影、5D 电影及未来

4D 电影将震动、吹风、喷水、烟雾、气泡、气味、布景、人物表演等特技效果引入 3D 电影，在听觉、视觉、感觉之外又增加了触觉上的身临其境。现在 4D 影院已经成为城市新宠。4D 影院最早出现在美国，如著名的蜘蛛侠、飞跃加州、T2 等项目，都广泛采用了 4D 电影的形式。随着三维软件广泛运用于立体电影的制作，4D 电影在国内也得到了飞速的发展，画面效果和现场特技的制作水平都有了长足的进步，先后在深圳、北京、上海、大连、成都、长春、济南、武汉等地出现了几十家 4D 影院。这些影院大都出现在各种主题公园、科普场所中，深受观众和游客的喜爱。4D 电影除了银幕和特质眼镜呈现的视听效果之外，还根据影片故事情节的不同，由计算机控制动感座椅做出不同的特技效果，营造一种与影片内容相一致的全感知环境。

5D 电影则增加了嗅觉及动感，现在还出现了 6D 电影，完全颠覆了过去的观影经验，电影除了看，还可以闻、摸、动，静态欣赏变成动态参与，人类的听觉、视觉、嗅觉、触觉、味觉，还有就是感觉，都融入进来。

(六) 中国影视特效的发展

1. 20 世纪 20—30 年代：武侠神怪片特效

1928 年的电影《火烧红莲寺》中，停机再拍和倒放等特技得到较好应用，银幕上出现了剑光斗法、隐形遁迹、空中飞行、口吐飞剑、掌心发雷等种种绝技，不过，这些特效多是对胶片处理的结果。

2. 20 世纪 50—70 年代：特技观念形成

1949 年中华人民共和国诞生，当时全国的三大电影制片厂：北京电影制片厂、东北电影制片厂和上海电影制片厂，先后设立了特技制作部门，由东北电影制片厂负责对特技人员进行基础知识的专业培训、实习并派往其他制片厂。1954 年，15 名来自三大电影制片厂的摄、录、美、特技等方面的中国专业电影工作人员前往苏联学习电影特技特效制作。这次学习为期 2 年，回国之后，这 15 个人全部留在北京电影制片厂，联合组建特技车间、自主研发特技设备，并将所学特技技术传授给全国其他几家制片厂。

这段时间，特技制作突出的影片有《天仙配》(1955 年)、《沙漠里的战斗》(1956 年)、《风筝》(1958 年)、《游园惊梦》(1960 年)、《马兰花》(1960 年)、《孙悟空三打白骨精》(1960 年)、《停战以后》(1962 年)、《红日》(1963 年)、《大河奔流》(1978 年)等。其中，《天仙配》首次研制并运用了全新特技工艺——分色合成；

《沙漠里的战斗》则首次使用空间像逐格放映合成摄影工艺；《孙悟空三打白骨精》则在 1960 年《宝莲灯》的基础上进一步完善了分裂遮光器的摄影工艺；《停战以后》中利用节点中心云台做摇摄的透视接景，创造了质量极高的视觉效果；上海电影制片厂投资拍摄的战争影片《红日》和《水手长的故事》则大规模地使用了模型摄影、动态配景接景和各种形式的合成摄影，以假代真拍摄了大量有坦克和飞机的战争场面；《游园惊梦》则成功应用了北京电影制片厂特技部门经多年努力完成的我国第一套国产红外线幕活动遮片合成摄影系统。

3. 20 世纪 80 年代：特技复兴

1981 年上海电影制片厂拍摄的《白蛇传》获得了首届金鸡奖最佳特技奖提名。1982 年《李慧娘》获得 1982 年度第二届金鸡奖的最佳特技奖。1983 年北京电影制片厂拍摄的《孔雀公主》获得第三届中国电影金鸡奖最佳特技奖。1984 年长春电影制片厂拍摄的《火焰山》获得第四届中国电影金鸡奖最佳特技奖。

4. 世纪交替之际：数字特效兴起

进入 21 世纪，中国真正进入数字化、计算机化特技摄影创作时期。2000 年，上海电影制片厂率先在制片厂系统内成立了电脑特技制作中心，拍摄了中国第一部真正意义上的电脑特技制作影片——《紧急迫降》。2002 年，影片《极地营救》大规模使用了数字特效技术，60% 的电脑特技及合成镜头是当时国内电影史上运用特技镜头最多的一部电影。相比好莱坞特效电影的发展，中国特效电影的发展要逊色很多，2002 年的《英雄》《卧虎藏龙》曾经在国际上崭露头角，显示了电影特效与中国传统武侠电影结合的魅力。

2015 年是中国特效电影爆发的一年，除了《夏洛特烦恼》和《煎饼侠》两部喜剧电影之外，其他电影基本上都是大制作、大成本的视效电影，《西游记之大圣归来》里面的新型大圣，《捉妖记》里面萌萌的胡巴，《九层妖塔》里面的昆仑雪崩、红犼怪兽，还有《寻龙诀》中的千年古墓、人身僵尸，这些视觉效果都给观众留下了不可磨灭的印象，这一场场视觉盛宴见证了特效技术推动电影工业升级的重要力量。

二、影视特效的概念

影视特效是指利用特殊的拍摄制作技巧来完成特殊效果的影视画面。如果常规拍摄与制作所需成本高、难度大、费时过多、危险性大，或者需要摄制现实生活中并不存在的对象或现象，或者超越一般镜头拍摄的难度，就需要使用特效来完成制作。电影特技是一个大概的笼统称谓，如果从专业角度继续细分的话，可以分为视觉效果和特殊效果。

（一）视觉效果

视觉效果是指不依靠摄影技术完成的后期特效，基本上以计算机生成图像为主，换句话说，就是在拍摄现场不能得到的效果，具体包括三维图像(虚拟角色、三维场景、火焰、海水、烟尘模拟等)、二维图像(数字绘景、钢丝擦除、图像合成等)。

(二)特殊效果

特殊效果是指在拍摄现场使用的用于实现某些效果的特殊手段，被摄像机记录并成像，具体包括小模型拍摄、逐格动画、背景放映合成、蓝绿幕技术、遮片绘画、特殊化妆、威亚技术、自动化机械模型、运动控制技术、爆炸、人工降雨、烟火、汽车特技等。

在现代电影制作中特殊效果技术和视觉效果技术联合使用密不可分，而且分界线也不是非常清晰，比如，蓝绿幕和威亚技术都需要依靠电脑软件的图像合成，现在的电影特技制作多半采用联动的特技制作手段来完成。

三、影视特效的主要类型

(一)特殊化妆

特殊化妆是常用的技术手段，已经沿用很久，比如老人妆、伤员妆，比较复杂的是特型妆，《加勒比海盗》中特殊造型的人物都是通过特殊化妆手段来实现的，传统的特殊化妆需要耗费很多时间和金钱，因为特殊化妆用的材料价格高昂，而且熟练的化妆师也很少，因此，在三维技术成熟的今天，部分特殊化妆被三维人物的制作所替代。但是从逼真效果的呈现上来讲，特殊化妆的地位仍然是不可动摇的。

(二)电子动画学

电子动画学是动画制作和电子学的合成词，是利用电气、电子控制等手段，制作电影中的动物、怪物、机器人等，也就是制作机器人演员，比如《侏罗纪公园》中的恐龙、《勇敢者的游戏》中的狮子等。随着计算机科技的不断进步，电子动画学又向运动捕捉领域伸出了触手，靠机器人演员来做需要的动作，然后在电脑中利用机器人演员的数据，可制作出很自然的动作。

(三)计算机图形

计算机图形简称 CG 技术，CG 技术在电影技术运用中所占的比例越来越大，而且一直处于发展之中，所能表现的领域也越来越广阔，如今的电影产业已经完全离不开设计技术，通过众多电影中的震撼效果，人们可以感受到 CG 技术离我们如此之近。新西兰的威塔工作室和制作《玩具总动员》《昆虫总动员》等影片的美国皮克斯动画工作室，都是不断开发和利用新技术、开拓升级应用领域的先锋。从《冰河世纪》系列作品中越来越逼真的动物形象上，我们也能够感受到 CG 技术日趋完善。

(四)影像合成

影像合成是影视剧特殊效果制作中占最大比例的部分，从最早的影像着色开始伴随着电影的发展不断进步，这对形象的自然表现非常重要。过去用传统的光学方式进行影像合成，合成的影像越多，画面质量就越差。为了克服画面质量下降的难题，通过数字技术的应用，影像合成质量和特殊效果等都使电影的表现力得到很大的提高，观众可以看到现实生活中永远无法出现的场景和画面，比如电影《阿甘正传》中阿甘与总统握手的场景。所以，数字合成技术在电影制作领域的潜力是无限的。

(五)模型技术

模型是把不可能实际拍摄到的布景、建筑物、城市景观、特殊物具等做成微缩模型，拍摄合成到电影中的技术。模型是电影史上使用历史很长的传统特效制作方式，模型制作的精良程度直接影响镜头的逼真度。影视行业中的模型师这一职业和特效化妆师一样需要很高的专业性和技术要求，这种特殊效果制作方式将来也会在影视剧中继续使用。

(六)爆破效果

爆破效果是运用化工技术表现出的特殊效果，在特殊效果领域占有很重要的地位，一般用爆破模型的方法或使用随机合成渲染影像与实拍镜头进行合成组接，来完成镜头的视觉效果，被广泛地应用于战争片、灾难片等类型的影片。因为火药的制作方法不同，火焰的形态和颜色也不同，炸药的安装位置和用量决定爆炸式场面的形态，因此这是相当依赖经验和理论的专业领域拍摄。真正的爆破不是件容易的事情，有时候也具有一定的危险性，如果操作失误或运用不当，会对工作人员或演员造成一定的人身伤害，因此需要在能够完成影片的整体效果前提下，注意安全方面的考量，越来越多地在电影中使用 CG 技术，达到制作爆炸效果的目的。但是由于特殊原因及影片逼真效果的营造，在较长时间内爆破效果的应用仍然离不开电影特效的舞台。

四、非线性编辑视频效果

影视后期特效是一项耗费巨额资金、庞大人力物力，历时较长的系统工程，一般由特效技术研发、前期视觉开发、现场视效拍摄、后期特效制作等四个阶段构成。其中，后期特效制作阶段的软件很多，主要分为特效合成、三维动画、特效跟踪三大类。

非线性编辑软件也具备图像合成等视频效果功能，比如 After Effects(AE)，这是 Adobe 公司出品的一款用于高端视频编辑系统的专业非线性编辑软件。它可以对多层的合成图像进行控制，制作出天衣无缝的合成效果；关键帧、路径概念的引入，使 After Effects 对于控制高级的二维动画如鱼得水；After Effects 还有令人眼花缭乱的光效和特技系统。After Effects 还保留有 Adobe 软件优秀的兼容性。在 After Effects 中，可以非常方便地调入 Photoshop 和 Illustrator 的层文件、Premiere 的项目文件等。

　　相对于 After Effects 更擅长数字电影的后期合成制作，Premiere 非线性编辑软件则集视频压缩、数据存储、视音频编辑、图像处理、字幕叠加等多种功能于一体，非常适合视频编辑与制作的初学者和小成本影视作品的创作。除了 Premiere 外，基于 PC(Personal Computer) 系统的非线性编辑软件还有很多，比如 EDIUS、会声会影等。另外，随着移动互联网短视频传播的爆发，智能手机中的视频剪辑软件也越来越流行，比如美拍、小影、巧影、剪映等。

　　随着数字技术在电影艺术各个领域的普及，传统电影的制作过程、艺术表现以及风格形成等受到了极大的冲击。数字电影的虚拟美学超越了真实的边界，甚至改变了人们的思维方式和价值观念。近些年来，电影技术主义越来越受到追捧。但是同时，不论是电影理论家、制作者还是电影观众，都在反思一些问题：电影的本质、特征、功能是什么？电影技术的地位和作用是什么？电影从本质上来说是一门讲故事的艺术，技术是讲好故事的必要与重要手段，人文主义和技术主义在电影中得到最好的融合。

第二节　非线性编辑软件特效制作

　　非线性编辑软件主要的功能是视频和音频的编辑，同时提供了比较丰富的视频、音频效果制作功能，能够完成视音频剪辑和特效制作。以 Adobe 公司的非线性编辑软件 Premiere 为例，如图 5-1 所示，该软件的效果面板提供了视频效果、视频过渡效果、音频效果、音频过渡效果等四大类效果功能。同时，如图 5-2 所示，效

图 5-1　Premiere 效果面板

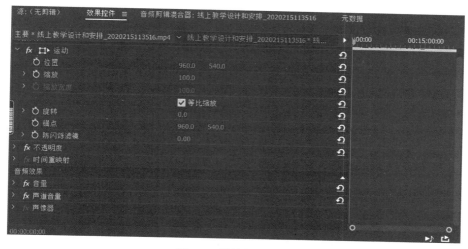

图 5-2　效果控件面板

果控件面板还提供了运动、不透明度、时间重映射等视频效果以及部分声音效果。对于非线性编辑软件的特效制作，需要明确，首先，效果是为剪辑服务的，也就是说效果不能滥用，要根据视频和音频的内容和形式恰到好处地使用，才能相得益彰；其次，Premiere 中的视频效果和音频效果都分别可以单独使用，也可以进行多种排列组合，不断创新发展。所以说，特效制作是有限的，又是无限的。

一、效果控件和关键帧

在讲解 Premiere 特效之前，我们要着重强调效果控件和关键帧这两项功能。首先，效果控件其实不光提供如图 5-3 所示的这些效果制作，实际上，前面提到的效果面板中的视频、音频效果在选择并放置到相应视音频素材上之后，并不会马上呈现出来，效果控件面板里面会出现该效果的设置参数，可以通过对效果参数的设置来达到理想效果，所以，效果控件面板是制作视音频效果的综合调配中心。其次，各种特效之所以变化多端，主要归功于关键帧功能。所谓关键帧，就是动画或效果变化开始和结束时的关键一帧画面，我们只需要设置这两个关键帧的参数，中间的过程可以通过计算机自动实现。在效果控件面板左侧相应的效果前面点击【切换动画】按钮，右侧就会出现菱形的【添加/清除关键帧】按钮，时间线上就会出现相应的关键帧标志，如图 5-3 所示。

图 5-3　方框内分别为切换动画按钮、添加/清除关键帧按钮、关键帧标志

二、运动效果

Premiere 的运动效果主要在效果控件面板中进行制作，运动效果可以对时间线视频轨道上选中的素材进行位置、缩放、旋转等动画操作，如果配合关键帧使用，则能使动态的动画效果更加丰富。

1. 位置

位置动画改变的是素材在画幅空间中所处的位置，在效果控件面板中的位置效果中，现实的两个数值就是素材的位置坐标，这一坐标与素材的分辨率有关，素材的分辨率是 1920×1080，如图 5-4 所示。如果横纵坐标是 960.0 和 540.0，那么说明素材画面位于画幅的中央，如图 5-5 所示。

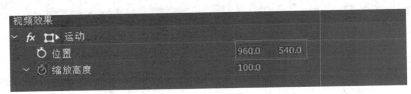

图 5-4　位置坐标

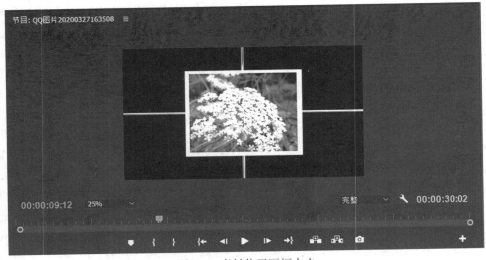

图 5-5　素材位于画幅中央

如果改变素材位置的横、纵坐标，如图 5-6 所示，显示为 285.0 和 70.0，并同时将两个素材位置标记为关键帧，那么素材画面就会在设定时间内由中央运动到左上方相应坐标处，如图 5-7 所示。

图 5-6 位置坐标变化及关键帧设置

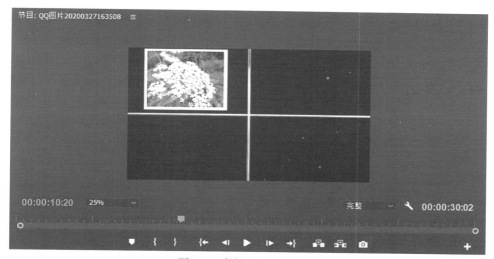

图 5-7 素材画面位置改变

2. 缩放

缩放效果改变的是素材画面的大小，如果勾选等比缩放，则表示素材画面的高度和宽度比例不变，否则就是可以分别设置，比例发生变化。缩放设置的数值表示的就是比例关系，如图 5-8 所示，等比缩放由 10% 到 100% 变化，素材画面就由原来的 10% 还原为原比例大小，如图 5-9 所示。

图 5-8 等比缩放由 10% 到 100%

如果将等比缩放勾选取消，那么就可以对素材画面的高度和宽度分别进行设置如图 5-10、图 5-11、图 5-12、图 5-13 所示，比如将素材画面放大 5 倍，然后宽度不变，高度变化到原来的 2%，那么素材画面就变成了一条横线。

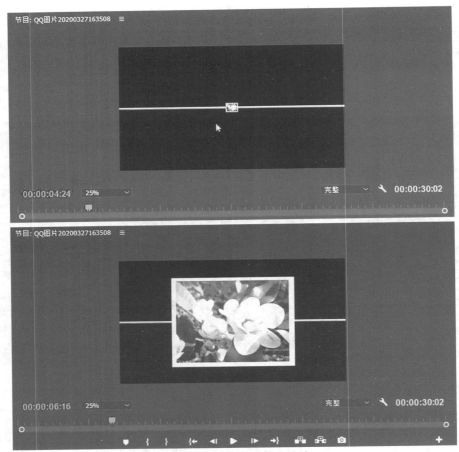

图 5-9　素材画面的等比缩放

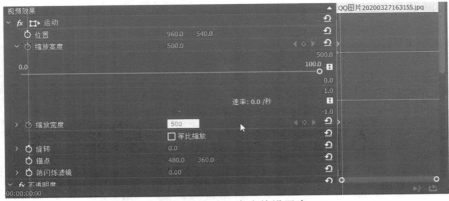

图 5-10　缩放高度和宽度均设置为 500

图 5-11　画面放大为原来的 5 倍

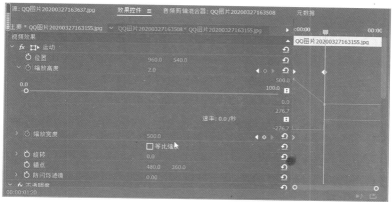

图 5-12　缩放高度设置为 2，宽度不变

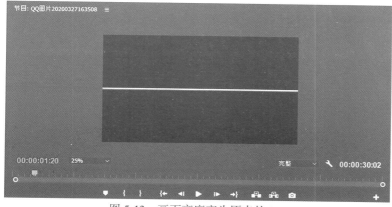

图 5-13　画面高度变为原来的 2%

三、时间线窗口效果制作

效果控件面板里面的运动、不透明度、时间重映射等也可以直接在时间线窗口的视频轨道上操作完成，而且更加便捷。比如，在时间线视频素材上的"FX"上单击鼠标右键就出现了上述效果的菜单，如图 5-14 所示。

图 5-14　时间线窗口中的效果菜单

1. 不透明度

如图 5-15 所示，展开时间线上的视频轨道和音频轨道，可以看到关键帧按钮，在时间线也可以进行关键帧设置。如图 5-16 所示，如果在素材上选择【不透明度】效果选项，就可以对素材画面的透明度进行调节。如果要做画面由暗变亮的淡入效果，可以在素材开始第一帧点击添加关键帧，然后在 1 秒 0 帧处打上第二个关键帧，然后将第一个关键帧拉向底部，这样第一秒画面的不透明度就从 0 到 100 进行变化，画面由暗变亮。如果在画面结尾处需要淡出，也就是由亮变暗，则进行类似操作就可以了，如图 5-17 所示。

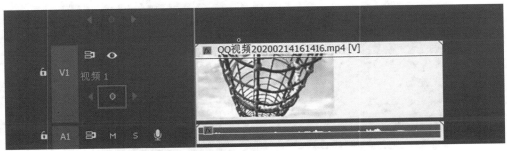

图 5-15　展开时间线视频轨道，显示关键帧

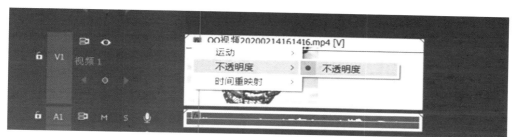

图 5-16 不透明度选项

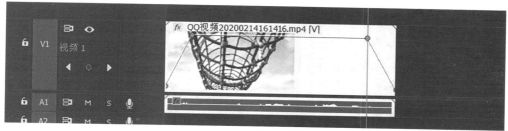

图 5-17 不透明度关键帧设置

2. 画面速度改变

利用非线性编辑软件可以改变画面播放的速度，主要包括快放、慢放、倒放、静止等，这种操作在时间线上完成更加方便。如图 5-18 所示，在时间线上的视频素材上单击鼠标右键，弹出的菜单里面有【速度/持续时间】选项，选择该选项，弹出相应的对话框，可以非常方便地改变素材画面的播放速度。从图 5-19、图 5-20、图 5-21、图 5-22 中可以看出，素材画面播放的正常速度为 100%，时间为 7 秒 16

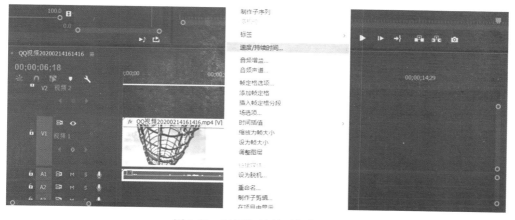

图 5-18 【速度/持续时间】选项

帧，如速度调为 50%，则表示播放速度放慢为原来的 1/2，持续时间为原来的 2
倍；如速度调为 200%，则表示播放速度加快为原来的 2 倍，持续时间为原来的
1/2；直接选择【倒放】，速度和持续时间可以保持不变，但是顺序是相反的。

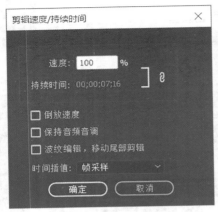

图 5-19 正常速度

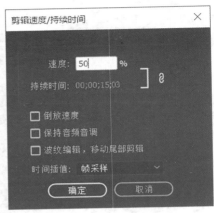

图 5-20 慢放速度

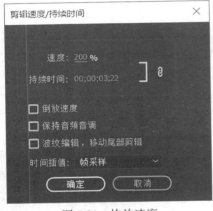

图 5-21 快放速度

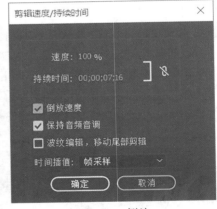

图 5-22 倒放

我们也可以将时间线指针放到需要静止的地方，点击【插入帧定格分段】，就
会插入一定时间的静止画面。

四、视频效果

Premiere 提供了 80 余种视频滤镜及其组合效果，以 Premiere 2017CC 版为例，
我们选择几种比较常用的画面色彩调整、画面变换、风格化、蒙版动画等效果来做
演示讲解。

（一）画面色彩调整

Premiere 中关于画面颜色调整的效果比较多，调整对象包括色相、色饱和度、画面色调等方面，而且往往颜色调整与画面的亮度和对比度有密切关系。比如，亮度与对比度效果用来改变画面的亮度和对比；色彩平衡视频滤镜效果利用滑块来调整红绿蓝（RGB）颜色的分配比例，使得某个颜色偏重调整其明暗程度；色彩级别视频滤镜效果将画面的亮度、对比度及色彩平衡（包括颜色反相）等参数的调整功能组合在一起，更方便地用来改善输出画面的画质和效果；黑白视频滤镜效果的作用将使电影片断的彩色画面转换成灰度级的黑白图像；颜色平衡（HLS）视频滤镜效果可改变电影片断的彩色画面的色调（Hue）、亮度（Lightness）、和饱和度（Saturation）；色彩偏移视频滤镜效果可以调整 RGB 3 个通道中的一个通道（红、绿、蓝），使该通道可向上（Up）、向下（Down）、向左（Left）、向右（Right）进行 0% ~ 100% 的位移，这是为制作立体电影准备的，立体电影要佩戴专用的过滤眼镜才能看到立体效果；颜色通道视频滤镜效果能够将一个片段中某一指定单一颜色外的其他部分都转化为灰度图像，可以使用该效果来增亮片段的某个特定区域，通过调色板可以选取一种颜色，或使用吸管工具在原始画面上吸取一种颜色作为该通道颜色；色彩替换视频滤镜效果可用某一种颜色以涂色的方式来改变画面中的临近颜色，故称为色彩替换视频滤镜效果，利用这种方式可以变换局部的色彩或全部涂一层相同的颜色，还可以利用随时间变化的特点，做出按色彩级别变化色彩的换景效果。

以颜色平衡效果为例做演示。Premiere 中的颜色平衡效果常见的有三种：第一种是基于红、绿、蓝三基色；第二种是对三基色与亮度、对比度的综合调节；第三种是基于色相、亮度、饱和度。比如图 5-23 中的夕阳画面，如果还需要增加画面中红色的比例，可以使用颜色平衡（RGB）效果，将红色的滑块向右移动，增加红色比例，如图 5-24、图 5-25 所示。

图 5-23　需调整画面色调的画面

图 5-24 颜色平衡(RGB)增加红色比例

图 5-25 调整后的画面红色增加

如果选择颜色平衡效果,则可以分别针对红色、绿色、蓝色的阴影、中间调、高光部分进行更精细的调节。如果对图 5-23 中画面的红色再次进行调节,可以看到画面上方天空的高光部分、中间的中间调部分、桥面的阴影部分可以分别调节,画面能够展现更多细节,如图 5-26、图 5-27 所示。

如图 5-28 所示,颜色平衡(HLS)主要调节的是色相、亮度和饱和度。图5-29中画面比较暗,青草颜色也比较晦暗,调节后,如图 5-30 所示,画面更加透亮,草的颜色更饱和了。

图 5-26 颜色平衡效果及调节

图 5-27 调整后的画面细节更丰富

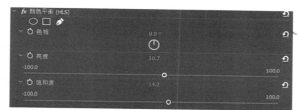

图 5-28 颜色平衡(HLS)调节

图 5-29 调整前画面

图 5-30 调整后画面

163

(二)视频效果与蒙版

蒙版在 Photoshop 里面也有应用,简单来说,就是用来蒙住某个区域的遮挡版,当使用蒙版之后,蒙版内部和外部就被区分开来,可以进行不同的效果应用。Premiere 中蒙版应用也非常广泛。下面以移动马赛克效果的制作来看看蒙版的应用。在【效果】—【视频效果】—【风格化】中选择【马赛克】,拖放到视频素材上,但是我们发现整个画面全部显示为马赛克效果,根本无法看清任何画面内容,如图5-31 所示,这种效果就是无效的。那么,这时就需要用蒙版,因为马赛克效果只需要应用到某位不方便露面的人物的脸部就可以了。

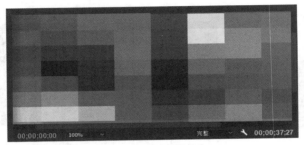

图 5-31　全图马赛克

如图 5-32 所示,打开效果控件面板中的马赛克效果设置窗口,发现下方就出现了蒙版设置选项。选择创建方形蒙版,这时就会发现画面中出现了一个方形区域,其内部是马赛克效果,外部则是正常画面,可以将这个蒙版拖至需要添加效果的人物面部,如图 5-33 所示。但是,当我们播放视频时,又发现一个问题,那就是随着人物的运动,马赛克蒙版却还是停留在远处,导致人物的马赛克效果失效,这时,我们肯定希望蒙版能够跟随人物一起运动,这就需要进行蒙版路径关键帧的操作,如图 5-34 所示。根据人物运动幅度的大小来设置关键帧,使马赛克效果始

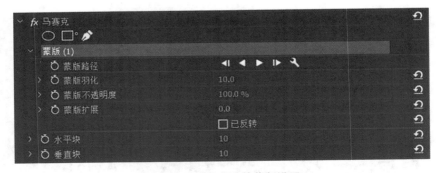

图 5-32　马赛克及其蒙版设置

终跟随人物的脸部运动，使人物没有露脸的机会，如图 5-35 所示。

图 5-33　蒙版马赛克

图 5-34　设置蒙版路径关键帧

图 5-35　移动马赛克

(三)图像合成

Premiere 中的键控效果可以用来进行多层图像的合成，比如比较常见的绿幕、蓝幕抠像效果就可以使用其中的颜色键来完成，如图 5-36 所示。

图 5-36　颜色键效果

比如绿幕抠像，我们需要准备绿幕画面和背景画面，如图 5-37 所示，分别放置在时间性视频轨道的上层和下层，然后将颜色键效果拖放到上层的绿幕画面，然后打开效果控件面板中的颜色键设置对话框进行调整。选择绿色，增大颜色容差，细化边缘，尽量将绿色扣除干净，使主体人物与背景相融，如图 5-38 所示。这里需要提醒的是，用来抠像的绿幕背景要尽量纯净均匀，否则会影响抠像效果，如图 5-39 所示，绿幕就不是均匀的。

图 5-37　抠像的绿幕和背景

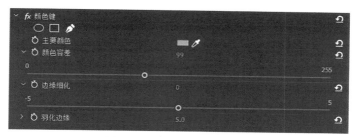

图 5-38 【颜色键】效果调节

图 5-39 抠像效果

（四）其他效果

Premiere 中的视频效果非常丰富，这里无法一一呈现。还有一些常用的视频效果做一下简单介绍。

1. 模糊与锐化效果

模糊与锐化是相反的效果，分为多种类型：相机模糊视频滤镜效果是随时间变化的模糊调整方式，可使画面从最清晰连续调整得越来越模糊，就好像照相机调整焦距时出现的模糊景物情况；快速模糊视频滤镜效果可指定图像模糊的快慢程度；锐化视频滤镜效果可以使画面中相邻像素之间产生明显的对比效果，使图像显得更清晰；高斯锐化视频滤镜效果通过修改明暗分界点的差值，使图像极度地锐化，与高斯模糊的作用相反。

2. 变形稳定器

对于有些素材画面来说，可能前期拍摄的时候由于各种原因致使画面晃动，不够稳，后期编辑时可以使用变形稳定器效果稳定运动。它可消除因摄像机移动造成的抖动，从而可将摇晃的手持素材转变为稳定、流畅的拍摄内容。使用之前，最好先确认素材尺寸与序列设置相匹配，另外，不要认为该效果是万能的，所以就不重视前期拍摄的稳定操作，这是万不得已的补救措施。

3. 裁剪

裁剪效果的应用也比较多，比如将正常画面制作成宽银幕，就可以在画面顶部和底部各裁剪 10%，还可以将字幕制作在底部裁剪部位；运动裁剪关键帧可以制作相机快门打开的效果，还可以在制作字幕时制作逐行逐字出现的效果，如图 5-40、图 5-41、图 5-42、图 5-43、图 5-44 所示。

图 5-40　搜索裁剪效果

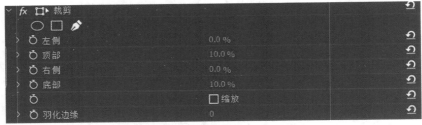

图 5-41　裁剪效果设置制作宽荧幕效果

图 5-42　宽荧幕效果画面

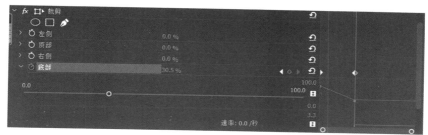

图 5-43　裁剪关键帧设置

图 5-44　逐行呈现字幕效果

这里还需补充两点：第一，当需要使用某一效果时，可以直接在效果面板的搜索栏输入效果名称，面板中就会出现该效果；第二，由于 Premiere 的字幕也是置于视频轨道，因此，视频效果和视频过渡效果原则上都可以应用于字幕素材。

五、视频过渡效果

这里的视频过渡与前面讲过的有技巧转场有密切联系，但并不是同一概念。视频过渡主要是指 Premiere 软件中时间线视频轨道上两个相邻的素材之间的过渡效果，经常在需要转场的上、下镜头之间使用或分别使用，是有技巧转场的重要手段；但是，有技巧转场还可以使用其他方法，比如视频效果中的模糊效果、不透明度（淡入淡出）效果、运动效果等都经常用来制作转场效果。所以，视频过渡仅仅表示在非线性编辑软件中的操作方式与视频效果的区别，这种效果主要应用于两个素材剪辑之间，或者前一个剪辑的结尾，或者后一个剪辑的开端，如图 5-45 所示。

图 5-45　视频过渡效果使用方法

有时我们使用视频过渡效果时会出现提示：媒体不足，此过渡将包含重复的帧。这时，视频过渡效果也无法针对单一素材的开端或结尾使用。这说明左边剪辑的出点已到素材的末尾，或右边剪辑的入点已是素材的开始，没有可供延展过渡的空间，这样就会出现媒体不足的提示，如图 5-46 所示。

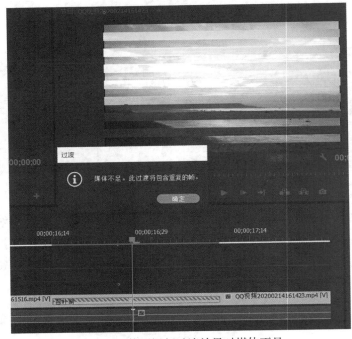

图 5-46　使用视频过渡效果时媒体不足

视频过渡效果的运用更加简单，除了持续时间延长和缩短两种操作，没有其他调节方法。我们往往只需要了解每种过渡效果的特性，然后根据需要使用即可。比如，溶解过渡效果就细分为以下类型：叠加溶解效果主要是对颜色信息的叠加，而且是将时间线后一剪辑的颜色信息添加到前一剪辑，然后从后一剪辑中减去前一剪辑的颜色信息；交叉溶解效果是在后一剪辑淡入的过程中淡出前一剪辑，如果将这一效果运用到剪辑的开端或结尾，就形成了从黑色淡入或淡出为黑色的效果；渐隐为黑色效果有类似效果，它使前一剪辑淡化到黑色，然后从黑色淡化到后一剪辑；渐隐为白色效果则是前一剪辑淡化到白色，然后从白色淡化到后一剪辑；胶片溶解过渡效果是混合在线性色彩空间中的溶解过渡（灰度系数＝1.0），以更现实的方式进行混合。

下篇

创作

第六章 微电影创作

第一节 微电影发展概述

一、电影与短片

（一）电影的发展历程

微电影是微的电影，微是它的特性，电影是它的本质，所以我们先聊聊电影。

我们知道，电影是继建筑、音乐、绘画、雕塑、诗歌、舞蹈、戏剧之后产生的第八大艺术。1829 年，比利时物理学家普拉托提出的"视觉暂留"原理为电影的诞生提供了充分的理论依据。摄影技术的发明与进步为电影诞生提供了基本技术支持，其中比较有名的就是大发明家爱迪生发明的电影视镜，后来传到我国，被称为"西洋镜"。1895 年，法国的卢米埃尔兄弟成功研制了"活动电影机"，这种机器集摄影、放映和洗印三种功能于一体，以每秒 16 画格的速度拍摄和放映影片。1895 年 12 月 28 日，卢米埃尔兄弟在法国巴黎卡普新路 14 号咖啡馆里，正式向社会公映了一批纪实短片，包括《工厂大门》《水浇园丁》《婴儿的午餐》《火车进站》等共计 12 部，这一天被定为世界电影诞生日，卢米埃尔兄弟被誉为"电影之父"。

纪实短片似乎并不符合我们对电影艺术特质的印象。艺术电影的发展离不开法国电影先驱乔治·梅里埃的创造性贡献，在前面讲到的电影特效的发展史上，他是举足轻重的人物，被誉为世界电影导演第一人，把演员、道具、布景等戏剧要素运用到电影中，还开创了停机再拍的方法，并首次把照片处理技术应用于电影制作。1902 年，梅里埃编导的首部科幻电影《月球旅行记》对世界电影的发展产生了深远影响，使电影从单一的影像艺术向独立的综合艺术方向发展迈进了一大步。

同一时期，美国的爱德温·鲍特开始运用剪辑手段拍摄电影，比如同一场戏同时拍摄，然后根据剧情需要进行剪辑，现在看来是司空见惯的方法，当时却是观念上的巨大震动与变革。1902 年完成的影片《一个美国消防员的生活》为美国叙事性电影开辟了道路；1903 年的影片《火车大劫案》进一步进行了电影叙事风格与结构观念的大胆尝试，开创了交叉蒙太奇的先河。

电影大师大卫·格里菲斯在 1908—1912 年导演了大约 400 部影片，然后于 1915 年、1916 年分别拍摄了《一个国家的诞生》和《党同伐异》，更是世界电影史上的经典，被称为电影艺术的奠基之作。格里菲斯开创了移动摄影的先河，还成功运用不同景别、角度、机位等方法，运用"圈入圈出""闪回"等剪辑技巧，使电影语言得到了极大的丰富。

这里当然要重提苏联电影大师谢尔盖·爱森斯坦对蒙太奇理论的阐述和艺术实践，这使得电影拥有了自己的美学体系。

无声电影时期，电影作为一门艺术已经得到人们的认可，同时也成为一种新兴的产业得到发展。这一时期，法国万森市、美国好莱坞成为著名的电影城，出现了"百代""高蒙""好莱坞"三大电影制片公司。

电影在真正意义上成为一种艺术还是得益于有声电影的诞生。1927 年，有声电影《爵士歌王》首次使声音走进电影，结束了"默片时代"，开启了电影视听结合的新时代。1933 年后，电影制作不再只限于同期录音，后期录音技术得到运用，声音在渲染情绪、表述情节方面的作用极大地丰富了蒙太奇的内涵。苏联电影大师普多夫金在拍摄《逃兵》时，就使用了声画对位和对立的配音方法来增强影片效果。1935 年，马摩里安摄制了世界上第一部彩色电影《浮华世界》，使电影艺术进入完善成熟的时期。

在电影繁荣发展的几十年间，电影的艺术特性得到进一步发掘、电影的声画语言得到进一步丰富、电影的题材主题逐渐多样化、电影思潮和流派日益多样性，这都推动了电影的全球化大发展。

(二) 短片的发展

电影诞生之初就是以短片形式存在的，所以电影的历史也就是短片的历史，只是在电影的发展过程中才具有了独立的特质和身份，我们现在看到的电影的长度也是约定俗成的，短片则成为一种电影类型的分支而独树一帜。在电影诞生之国的法国，从 2011 年开始，每年 12 月 1 日法国国家电影中心会发起一项全国性的短片文化活动，被称为"冬至短片日"，各个电影院、博物馆、图书馆、商场、火车站、机场、校园等公共场所，都会放映短片，电视、网站、手机等媒体上也会大量播出短片，法国民众还会开展各种围绕短片电影的文化活动，成为别具风格的风景线。法国电影各大评奖活动中都有短片的身影，比如代表法国电影最高荣誉的电影凯撒奖就设有"最佳短片奖"，戛纳国际电影节也设有"戛纳短片金棕榈奖"。2007 年是戛纳电影节设立 60 周年，组委会还特意邀请了 35 位世界知名导演，各拍一部约 3 分钟的电影短片，表达他们对电影的理解和记忆，成为特别的庆祝仪式。法国电影短片的发展受到政府的支持，由法国短片社具体管理，同时又有专业电影人和大众的广泛参与，至今依然生机勃勃。

说到短片电影的蓬勃发展，就不得不提到德国。在德国，短片似乎比长片更加流行，1954 年，奥伯豪森就举办了第一个短片节，5 年后这个短片节更名为奥伯豪森国际短片节，逐渐发展成为制片人聚会的重要场所。还有比较有名的汉堡国际短片节，这是公众的城市盛典，也是短片代理机构发行短片的重要机会。此外，还有德累斯顿国际短片节、雷根斯堡短片周等。从文化片、先锋电影到实验电影，德国电影短片不仅有根深蒂固的群众基础和政府的大力支持，更是得到电影学院和艺术、综合媒体机构的高度重视，比如科隆传媒艺术学院就有多部短片获得过国家电影大奖，包括获得了第 58 届威尼斯电影节银熊奖的《朋友们》，获得奥斯卡奖的《平衡》《黑骑士》《探索》，还有在全球各大电影节频频获奖的《惊讶!》等。

奥斯卡奖项的设置被认为是电影市场发展的风向标，短片的列入是从第五届（1931—1932）才开始的，经过数十年发展，奥斯卡奖的最佳真人短片奖仍然是一个广受关注的奖项。奥斯卡短片电影的长度一般在 40 分钟以内，包罗各种文化背景下产生的各具魅力的各种题材和表现风格的故事，因为要在有限的时间内完成表达，短片也形成了自己独特的美学品格：主题多样、表现多元、叙事浓缩、风格繁杂等。由于学术研究、赛事助推和市场追捧，而且也因为短片投资较少、风险较低，越来越多导演喜欢用短片形式来实验自己的某些创作理念，甚至颠覆传统的电影观念，在主题的尝试、故事的想象、镜头语言的创造等方面达到了大胆甚至超常的发挥。

遗憾的是，短片电影在中国还缺乏肥沃的土壤，也没有短片力作在国际大赛上出彩，不过，随着电影潮流的发展、互联网和新兴媒体的兴起，微电影这种与短片有交集，并依托网络传播的影像类型诞生了。

二、微电影的概念和特点

(一) 微电影的概念

微电影可以说就是中国短片，这是一个"中国化"概念，之所以这样说，是因为微电影、超微电影更加体现了对传统播映渠道的颠覆，对制作成本和进入门槛的宽容，以及是一种全民传播时代的大众狂欢。微电影的产生离不开网络视频平台竞争的助推，同时也是信息碎片化、文化快餐化时代受众的内在需求，而且，这种需求也体现在受众对广告容忍度的降低上，为品牌定制的微电影成为广告界新宠，给人一种更加舒适的视听享受和价值认同。

微电影的风暴吹到中国，就是源于 2010 年末被称为史上第一部微电影的凯迪拉克的《一触即发》的发布，此后，无孔不入的商业力量敏锐地嗅到了微电影在品牌营销上的巨大潜力，各大影视公司、门户网站、视频网站纷纷投资，明星艺人等纷纷加盟，微电影开始向产业化方向迈进。

关于微电影概念的界定还没有一个统一的表述，有人认为它是广告的一种样式，有人认为它是视频短片，有人将它称为影院电影、电影短片之外的"第三电影"。比较被公认的表述是对微电影"三微"特性的定义：微电影又称"微影"，即微型电影，是指专门在各种新媒体平台上播放，适合在移动状态和短时休闲状态下观看、具有完整策划和系统制作体系支持、具有完整故事情节的"微时放映（30~300秒）""微周期制作（1~7天或数周）""微规模投资（几千至几万元每部）"的"视频类"电影短片，内容融合了幽默搞怪、时尚潮流、公益教育、商业定制等主题。

（二）微电影的特点

1. 可操作性强

微电影追求的是内容为王，创意制胜，大多数靠的是鲜活生动的生活故事和流行元素吸引大众，不仅投入少，对制作人员的专业性也比较包容，同时对摄影器材的要求比较低，随着数码产品的日益普及和数字技术的日益发达，微电影制作的可操作性大大提升。加上发行和审批流程的相对简单、网络传播的便捷等，微电影真正实现了大众的电影梦。

2. 制作方式多样

在我国，微电影的来源非常广泛，传播渠道也非常多元，逐渐形成了多样的制作方式，大致可以分为三类：一类是草根微电影，从大学生到乡村农民，人人皆可参与制作微电影；一类是广告主量身定制的品牌营销微电影，有些品牌的微电影每年会更新或是系列加推，形成强效应；还有一类是有视频网站或专业机构的自制微电影，常寻求与广告品牌的合作，发展空间很大。

3. 互动性和娱乐性强

专业视频网站，比如腾讯视频、优酷、土豆、爱奇艺等，都具有分享和评论功能，社交网站、微博、微信更是将互动的链条延伸得更长，移动互联网时代，微电影的互动传播助推了分享效应和传播流量，近几年的热门微电影《三分钟》《啥是佩奇》《一个桶》《女儿》等无疑都是分享和互动传播的刷屏作品。微电影不仅是人们碎片化闲暇时光的娱乐方式，而且这种娱乐性还源于分享与互动带来的社交体验，在数字壁垒日益加深的现代社交中，电影语言与审美的共通性往往能触发共鸣体验，带来轻松愉悦的内心感受。

4. 大学校园流行的青春符号

微电影源于DV，高校大学生是其忠实爱好者。微电影的"三微"特性与大学生的敢于尝试和大胆创新的活力天然结合，使得微电影成为大学校园里流行的青春符号。微电影创作成为一项集体活动，大学生剧组在校园里非常活跃，他们的作品通过网络传播和分享，实现了大学生展示自我的需求，也是他们表达悲欢喜乐、对接社会的重要出口，更是大学生提升综合艺术素养的重要渠道。特别是近些年传媒类专业的蓬勃发展，相关的学校和专业获得较好的发展空间，"微电影创作"成为传媒类专业的必修课程，各类微电影大赛不断涌现。

三、微电影大赛

微电影的发展离不开各类竞赛的大力助推，在我国，微电影大赛或者设立了微电影作品类型的大赛层出不穷，纷繁复杂。从大赛范围来看，国际、国内、省区市甚至一个组织内部等都有微电影大赛；从举办频次来看，有固定期限、长期举办的常规赛，也有临时安排的特色大赛；从主办单位来看，国家相关部门、政府机关、企事业单位、行业协会和组织等都可以举办微电影大赛；另外，微电影大赛的作品类型也涵盖广泛，包括剧情片、纪录片、公益片、动画微电影、广告微电影等。总之，当前的微电影大赛达到了非常流行的程度，下面列举几个比较著名的微电影或者吸纳微电影作品的大赛。

（一）"科讯杯"国际大学生微电影大赛

始于 2005 年的"科讯杯"国际大学生微电影大赛是起步较早、规模较大的专业类竞赛。"科讯杯"是由科讯网世界有限公司与中国教育技术协会，联合国内 13 所影视传媒知名院校共同发起的大型比赛，已发展成为集赛事比拼、作品展映交流、技能实践培训、思维创意拓展等的综合平台，得到广大师生的一致认可。"科讯杯"目前覆盖全球 30 多个国家和地区，有 300 多所高校积极参与。除了为大学生提供才华展示平台外，"科讯杯"还促进了校际交流、行业新技术新设备在教育界的推广应用，输送了一大批影视行业人才。

（二）中国大学生微电影大赛

中国大学生微电影大赛开始于 2013 年，是在国家新闻出版广播电影电视总局电影局备案并由其作为指导单位的大型赛事，由中国电影评论学会主办。大赛针对的参赛对象是在校大学生和大学毕业 5 年以内的青年微电影爱好者，旨在鼓励、引导大学生微电影创作，引导广大电影爱好者发现和展示身边的青春正能量，汇集具备文化创新的精神作品，传播格调健康的网络文化，为有电影梦的大学生及青年导演、剧本创作者及表演爱好者提供公平的竞赛环境和平台，让市场多一些真正由青年创作的优秀微电影艺术作品，推进微电影文化艺术产业化发展。伴随大赛举行的中国大学生微电影节是中国青年微电影创作者的盛大聚会。

（三）全国大学生广告艺术大赛

全国大学生广告艺术大赛（"大广赛"）是中国最大的高校广告艺术传播平台，是由教育部高等教育司指导，教育部高等学校新闻传播学类专业教学指导委员会、中国高等教育学会广告教育专业委员会共同主办，中国传媒大学、全国大学生广告艺术大赛组委会承办的全国高校文科大赛。"大广赛"是迄今为止全国规模最大、覆盖高等院校较广、参与师生人数多的国家级大学生赛事。大赛于 2005 年开始，目前全国已经有 1300 多所高校参与其中，数十万名学生提交作品，形成了稳定的、成熟的、具有相当规模的大学生教学实践平台，参赛作品分为平面类、影视类、微电影类、动画类、广播类、广告策划案类、公益类等七大类。大赛主题新鲜、案例真实，对于创作广告微电影、公益微电影的爱好者来说是很好的锻炼与展示机会。

(四) 中国国际微电影大赛

中国国际微电影大赛是由权威媒体领衔主办，面向全球的国家级权威微电影赛事。该大赛于 2012 年 9 月开始启动，汇集多国家、多语种、多形态的微电影作品，整合了电视、报纸、互联网、手机、IPTV 等全媒体平台，实现"一云多屏"的国际传播。

第二节　微电影创作流程

我们前面大谈特谈微电影创作的简易性、大众性，是的，数码摄像机、非线性编辑比较简单易学，但是，这只是技术范畴的便利，真正富有创意的造型语言和镜头语言是机器完成不了的，就像大多数人都会写字，但是只有极少数人成为作家。微电影的创作包括许多环节和内容，每个场景、每个镜头都是创意的火花，而且，面对挑剔的观众，如何通过画面和声音的表现力让他们对电影中的故事和情感感同身受，甚至获得一种超乎寻常的身心之旅，是摆在微电影创作者面前的一大难题。

一、微电影创作基本流程

微电影拍摄的流程可能因人而异，每个剧组都有自己的风格和习惯，但是个性是以共性为前提，熟悉微电影创作的基本流程是完成作品创作的必要条件。

通常来看，微电影创作的基本工作流程分为以下几个环节：

——可行性论证

——组建剧组

——筹备器材设备

——考察与搭建场景

——制订拍摄计划

——剧本与分镜头脚本

——拍摄

——后期剪辑与制作

——传播与推广

(一) 可行性论证

导演往往是微电影创作的核心人物，不论是灵感乍现，还是谋划已久，或是受人委托，抑或工作任务，导演创作微电影的动机可能千差万别，但是，从动机到行为还有一个过程，那就是对可行性的论证，不可盲目开始，否则可能阻力重重，甚至无以为继。对于微电影创作来说，可行性论证主要考虑以下两个方面：主题是否能通过审核，经费是否力所能及。

1. 主题定位

构思一个故事的第一步就是要选好主题。所谓主题定位就是剧本创作者在把握现有题材的基础上提炼微电影主题的过程。一部微电影的主题定位，决定了其故事内容，决定了其剧情走向，也决定了其整体风格。"人人微电影"时代下，微电影的主题定位具有极大的自由度和个性特征，但是，绝大多数微电影创作都有很强的目的性，为参赛创作的微电影往往有既定主题限制、广告微电影需要符合品牌定位与营销诉求、网络微电影需要满足受众口味，这是那只"看不见的手"，还有一只"看得见的手"，那就是国家部门、网站、媒体平台的审核规则。如果你的主题定位和故事构思过不了这两只手的把关，那还是及时纠正，另辟蹊径。

2. 经费预算

预算是微电影创作是否可行的重要环节。我们可以参照电影预算方法来看看如何对经费进行把控。一般来说，电影预算可以分为线上费用和线下费用两大类。线上费用主要包括付给编剧、制片人、导演、演员的薪资和额外报酬；线下费用则非常繁多，包括其他工作人员的工资，设备耗材的开销，还有布景、道具、服装、化妆、交通、食宿、租金、水电等费用，以及保险、法务、执照等项目开销众多，所以，一部电影的投入常常几百万、上千万元就不足为奇了。微电影创作也面临这些开支项目，比如是否要明星演员加盟、特殊道具和场景能否实现？微电影由于制作方式多样，经费来源也是多样的，有机构或组织拨付、有企业赞助、有众筹经费、也有自费的，虽然是小投资，但是也是花钱，提前做好经费预算评估是做好后续环节的基础，不是"有多少钱，办多少事"，而是尽量"少花钱，多办事"。

（二）组建剧组

剧组就是微电影创作的团队，规模可大可小，职责分工要明确，就算有人身兼数职，也不能岗位无人。一些专业剧组或者著名导演剧组相对来说经费比较充足、人脉比较广、关系比较成熟、剧组规模也比较大，而且比较稳定。对于一些草根剧组，比如大学生微电影剧组来说，一般受到人力、物力、财力的限制，都是根据技术与艺术特长自愿组合，剧组分工取长补短，规模 5~8 人，制片、监制、编剧、导演、演员、摄像、服装、道具、化妆、美工、灯光、场记、录音、编辑、特效、配音、配乐等，这些工作可以分组管理、分工到人，见表 6-1。

表 6-1　　　　　　　　　　　　剧组成员分组与分工表

组别	职务	任务
制片组	制片	全权负责剧本统筹、前期筹备、组建剧组、成本核算、财务审核；执行拍摄生产、后期制作；协助投资方国内外发行、申报和参评等工作
	监制	编制拍摄日程计划，负责预算、支出等后期保障，代表制片人监督导演的艺术创作和经费开支，协助安排具体日常事务

续表

组别	职务	任务
导演组	编剧	原创或改编故事，完成微电影整体设计的文字工作，也可与导演一同进行二次创作
	导演	分析剧本，把握全片的艺术准则；与制片人联合选择演员角色人选；根据剧本和拍摄要求选择外景与指导搭建内景；指导现场表演与拍摄工作；指导拍摄现场的其他部门和人员的工作；协助制定宣传计划
摄影组	摄像	讨论并决定分镜头所用的构图与拍摄技巧，画出机位图；确保每一个镜头的技术标准都在正常范围内；及时检查并保存视音频文件；协助灯光师、美工师等调整灯光和布景，力求最佳效果；全程对演员和现场进行抓拍，用于制作花絮或广告宣传
	灯光	根据图像艺术风格的需要，利用各种灯具创作光影效果；调控画面影调和色调
	场记	拍场记板；将现场拍摄的每个镜头的详细情况：镜头号码、拍摄方法、镜头长度等细节和数据记入场记单；协助导演合理规划镜头，防止穿帮、越轴等失误出现
美工组	美工	设计布景，制作虚拟场景设计图，道具与服装的设计、选择与制作
	道具	根据美工整体造型设计意图，完成道具设计；组织制作道具及陈设；组织、收集道具
	服装	设计、加工、挑选角色服装，负责收集与管理服装
	化妆	理解角色的身份特点和性格特征，运用化妆技巧完成演员的化妆任务
录音组	录音	在导演创作意图下，完成作品音乐、音响效果和对话等的录音工作；根据画面要求进行前期录音、同期录音、后期录音；负责全片最终的混录工作
	配音	配音演员给角色配上音乐或代替原片中角色的语言对白
剪辑组	编辑	根据脚本和导演要求，完成影片的画面剪辑、音效制作、字幕添加，特效合成、片头片尾制作；还负责花絮制作、宣传片制作、视频保存与管理
	校色	包括客观技术层面的色彩校正和主管艺术层面的色彩校正
	特技	利用编辑软件制作无法直接拍摄的画面效果
	动画	根据需要进行动画制作，比如在片头、片尾或其他地方插入镜头
演员组	演员	专职演出，扮演某个角色

（三）筹备器材设备

拍摄的器材和设备往往只能量力而行。在经费充足的情况下，可以购买或租借专业数码摄像机、轨道、稳定器、无人机、灯光器材等设备；在经费有限的情况下，能用单反相机、三脚架、录音话筒和挡光板等就很满意了；在经费困难的情况下，就算只有一部手机，也能完成作品创作。片子的好坏往往不是取决于手中的设备，而是取决于主题创意和拍摄技巧。

（四）考察场地

电影拍摄离不开三个要素：时间、地点、人物。考察场地就是要确定故事发生的地点。影视视觉艺术的故事和场景是不可分割的，在酝酿故事之前或者同时，场地情景就已经浮现在编剧和导演的脑海里。

1. 考察场地的目的

提前实地考察场景，拍些照片，作为后面创作的参考，还可以帮助创作者预见未来的影片情节。首先，考察场地是影片艺术造型的需要。景别大小、拍摄高度、拍摄方向、构图技巧、如何布光和用光、如何布景等都与场地的构造有关。其次，考察场地有利于提前预设场面调度。无论是演员的空间调度，还是镜头调度，特别是镜头运动的路线，都需要在场景的限制下实现最大程度的自由。最后，熟悉场景还有利于制定拍摄计划，确定分场表、镜头的拍摄场地和条件，提高拍摄效率，节约资金。

2. 场地考察的内容

考察场地的主要工作是画好两张图：一张是场景图，一般是场景的平面图，是为了场面调度和场景施工而绘制，一般由导演绘制，或者在导演指导下，请美工来绘制；另一张是机位图，就是标有摄像机位置的场景平面图，主要作用是指导拍摄，一般由摄像师和导演交流后，根据拍摄效果和要求进行绘制。

（五）制定拍摄计划

拍摄计划不同于剧本和分镜头稿本，主要是制定一定时期内要实现的目标以及实现目标的方案和途径，简洁明了地呈现微电影创作过程的关键步骤，注重合理性、可行性和效率。一般来说，微电影制作剧组规模不是太大，拍摄周期比较短，拍摄任务不是非常复杂。制定计划通常分"三步走"，分别是总体计划、阶段计划、日计划。

总体计划从整体上考虑，一般是以拍摄场景为单位，安排各场景的拍摄顺序，时间进度，人力、物力、财力的配备额度，主要项目的负责人等。阶段计划内容更加丰富，主要涉及某个具体时间段、某个具体空间、具体拍摄内容、参与人员、所需设备等，通常还需要写明拍摄主题、拍摄内容、拍摄对象、拍摄动机、拍摄方法、拍摄时间表和拍摄预算等。日计划是具体可执行的详细计划，一般需要在拍摄前一两天公示，让剧组成员了解该天拍摄的出发时间、拍摄时间、拍摄地点、主要内容、演员、器材设备等，还会提示注意事项，或者针对天气、环境、人员变化制订应变方案。

(六)剧本与分镜头脚本

剧本是微电影的故事脚本，是运用剧本元素(场景、情节、动作、对话等)进行叙事的创作过程，也是导演和演员进行二次创作的依据和出发点。剧本是微电影的基础和框架，它为微电影提供了基本的故事情节和人物关系，明确了微电影的主题、情节、人物性格和风格样式。分镜头剧本则是导演在剧本的基础上，确定了拍摄场景之后，按自己对未来微电影画面和场面调度的设想，写出的用于拍摄的台本。在微电影制作完成之后，由场记根据已经定稿的微电影，将其中的技术、艺术内容，如场次、镜号、拍摄方法、场面调度、人物对话、音响音乐以及长度等，完整地记录下来的台本形式则是完成台本。在微电影的实践中，以短暂的情节讲一个让人印象深刻的故事，短剧本和故事板是比较合适的选择。

(七)拍摄

在明确的主题、优良的剧本、适合的选角和充足的前期准备下，微电影的拍摄也是相对简单的，只要坚持"一个中心，两个基本点"不动摇即可。"一个中心"是一切以导演组为中心，由导演来协调统筹全场，由导演来和编剧沟通故事，由导演来指派工作人员协调工作，由导演来控制拍摄进度，由导演来掌控画面和音效，由导演来决定影片最终的效果。"两个基本点"分别是以"做好本职工作"和"以交流代替冲突"。具体来讲，就是要求剧组的每一个人做好自己的本职工作，摄影师拍摄高质量的画面，演员背好台本，服装师、化妆师拿出专业的审美，灯光师、道具师在拍摄前确认打光和道具的得体。而在拍摄过程中突发状况很难避免，在面对突发状况时应该冷静处理。在低成本微电影的创作中，摄像师尤其重要，一个经过系统训练的摄像师会让整个团队省很多力，后期剪辑也会轻松许多，所以摄像师也要参与剧本的讨论，知道如何能够更好地表现需要的情节，并且前期准备比较周全，拍摄过程很顺利。需要注意的是，在拍摄的过程中，由于聘请的不是专业演员，其节奏把握不好，这就要由导演来指导调控。

(八)后期剪辑与制作

后期制作是微电影拍摄好后，进行粗剪、精剪、配音、配乐、字幕、特效、片头片尾包装等一系列制作过程，其中很大一部分内容是以剪辑为主，可见剪辑的重要性。粗剪是在完成主要拍摄后，选择要用的镜头，使故事按照分镜头剧本的顺序组接在一起，形成一个流畅的故事；精剪包括修改镜头的位置、使用特写镜头以示强调、插入镜头以编排故事以及使用叠化来显示时间的流逝，在不断推敲的基础上进行准确、细致的修改，精心处理，最后进行综合的剪辑和总体的调节，形成一部完整的微电影，最终输出完成片。李晓彬在《影视动画数字后期编辑与合成》中说，剪辑在影视制作中是极其重要和关键的一环，前期的创意、构思、拍摄的素材，通过剪辑才能组成一个完整的影视作品。在创作校园微电影中，后期制作主要是导演、编剧和摄像师一起剪辑，这样既节省成本和人力，又能把要表达故事和内容用镜头表现出来。

（九）传播与推广

在信息爆炸时代，"酒香不怕巷子深"已经过时了，好的微电影作品只有传播才有价值，微电影编辑制作完成了并不是创作的结束，传播与推广工作也不能省略，甚至在开拍之前，有些微电影就已经开始宣传造势了。新媒体时代是一个流量时代，高点击量是检验作品成功与否的重要标准。所以，对于微电影团队来说，制定作品的营销方案也是不可或缺的环节。

二、大学生微电影创作

大学生微电影剧组一般规模较小，但是麻雀虽小，五脏俱全，各类职务不可或缺。最重要的是要以导演为中心，团队合作，取长补短，各司其职，适当外援。在实践中，由于能力、身份、环境等方面的限制，大学生剧组往往会碰到下面一些困难。

（一）眼高手低，急于求成

"理想很丰满，现实很骨感"，这是很多大学生微电影剧组的感受。当他们有了创意、准备好分镜，就会激动万分，想象着这将是一部非常不错的微电影，于是迫不及待地开工了。可是，最终，很多人都垂头丧气地交上了作品：不是自己想要的，跟想象差远了。这其中主要的困难就是技术问题。画面构图、相机的调试、镜头的运动、用光与录音等方面总是不尽如人意。而由于急于求成，他们往往还没想好就开拍了，还没拍好就开剪了，有时又太寄希望于后期编辑的修正机会，实际上这将困难重重。所以，前期的基础训练显得非常重要，正式拍摄时也需要抱着苛刻的态度脚踏实地拍好每一个镜头。

（二）缺乏特定年龄和身份的演员

当代大学生自我展示意识强烈，表演天赋很高，对于一些校园剧、青春剧来说，大学生剧组完全可以自导自演。但是对于超出他们年龄范围的儿童演员和老年演员，就只能找外援了，有时候就是碰运气的事，有时候进展并不是很顺利，有时候还不得不放弃原有计划和创意。利用同学的人际关系，真诚沟通、以情动人是比较可靠的途径，比如请求同学的父母、爷爷奶奶，或者其他亲戚支援，有时候还可以请老师帮忙。如果他们确实有出镜"恐惧"，还可以采取局部入镜或者"只闻其声，不见其人"的补救方法。

（三）难进特殊场地

现在，越来越多的大学生微电影创作者希望能走出校园，关注社会，因为社会能给他们提供更加广阔的拍摄空间，比如街道、公园等，但是，医院、敬老院、学校、车站、银行、派出所等单位往往并不乐意接受拍摄，甚至坚决拒绝。现实情况中，有时候可以通过学生所在学校出具正式介绍信和真诚沟通等方式解决，但是场地公关依然是摆在大学生剧组面前的一大难题。

第三节　微电影拍摄

微电影拍摄是创作微电影最重要的环节，前期的一切谋划和准备都是为了开机的这一天。前面已经讲解了视频拍摄的基础知识和常规拍摄技巧，本节主要是针对微电影拍摄所做的补充和特殊说明。

一、导演的工作

导演是一个全才，剧组所有职务的工作内容和技术导演都需要谙熟于心，有可能其本来就身兼数职，还需要用丰富的知识和良好的艺术修养去凝练故事的主题、风格和节奏，然后调用各种影视语言去实现这些创想，最后还要用领导者的魄力、人际关系处理的技巧、演说家的口才去调动剧组成员的潜力。所以，那些经典的电影成为导演的职业标识和一生的荣耀。

在一部微电影的创作中，导演由始至终扮演着重要角色，而且是一种三头六臂式工作模式。导演的工作还可以从微电影创作的筹备阶段、拍摄阶段、后期制作阶段这一推进过程拎出几项重点工作：与编剧一起创作剧本，或者自己创作剧本和故事板；与制片公司或者制片人沟通前期宣传、剧组成员招募、拍摄计划、影片发行与公关事宜等；与摄影师、布景师、化妆师、服装师、道具师、灯光师等工作人员沟通画面风格；然后就是正式拍摄，与剪辑师一起剪辑、补拍修改、音乐创作、制作完成等。当然，小型的剧组根本没有如此明确的分工，没有这么多需要与导演合作的人，有的剧组除了演员就是导演。

从分工的专业性来看，导演的以下工作是至关重要的。

(一) 导演阐述

导演阐述是导演创作意图和艺术构思的文字表述，在影片创作过程中起着纲领性作用，也是导演与剧组各成员进行沟通的重要内容，描绘出影片的未来发展蓝图。导演阐述虽然根据导演素质和风格不同而有差别，但是一般都需要写清以下几个方面的内容。

①故事梗概；

②对剧本的立意、主题思想、时代背景等方面的阐述；

③对片中主要人物的分析和处理；

④对片中矛盾冲突的设计与把握；

⑤对未来影片风格样式的定位；

⑥对影片节奏、表演、摄影、美工、化妆、服装、道具等方面的创作构想和设计；

⑦对音乐、录音、剪辑等方面的构想和设计；

⑧对后期所需特技效果的构想和设计。

(二)故事板设计

前面已经学习过绘画式和表格式的分镜头稿本设计与写作，这非常适合初学短片和微电影拍摄的新人导演，因为分镜头稿本看上去更加规范和清晰。有些有经验的导演可能不会创作完整的分镜头稿本，但还是会在拍摄现场临时创作故事板，或者画出机位图。

故事板源于动画片(电影)的创作，最早使用故事板的就是动画片大师沃尔特·迪士尼，他和团队中的概念画师们将所要描绘的故事贴在工作室墙面上，形成一个连续的、可以展现动作线和情节的连续图画。故事板常常是导演与整个团队沟通的桥梁，也可以提高效率，降低拍摄成本，帮助在拍摄中做到有规可循，避免跟着感觉走，越走越迷糊。

对真人电影来说，故事板的绘制并没有严格的画风要求，也不要求美术专业水准，可以多用线条和几何图形表示，能看懂就行，最重要的是要运用电影语言，每一幅画都要考虑镜头设计和场面调度。

(三)拍摄现场调度

我们知道，场面调度最重要的是要遵循轴线规律，这在导演进行故事板创作的时候就注意到了，这是最基本的问题，反而不容易出问题。对于导演来说，在拍摄现场的调度显然更加复杂和全面。拍摄现场是剧组各种工作人员汇集的地方，导演需要纵观全局，掌握各部门的进展和配合程度，通过监视器或摄像机液晶屏查看最后画面效果，可能一个不经意的细节就会使得前功尽弃，从头再来。

导演的现场调度也称为导演的现场指挥，其前提条件是导演非常清楚正在拍摄的场景的主要意图和在剧中的叙事功能，对前期设计的艺术风格也深谙于心，然后根据场景图、机位图、分镜头或故事板等信息来指挥工作。导演根据前期创意与镜头设计，为了保证画面效果达到要求，在拍摄现场可以对一切人力和物力进行综合调用和安排，主要包括三个方面：对演员表演的指导，对摄影、灯光、美工、录音等工作人员的调度，对影视画面各种构图元素和镜头拍摄技巧的监控与把关。我们看到专业剧组的拍摄现场，导演总是拿着大喇叭或者通过无线对讲机对各部门发号施令，其他人员收到指令后需要立即执行。

对于喜爱微电影制作的大学生来说，做导演可能是全新的尝试，由于缺乏经验，很多人可能是带着激情与恐惧的双重感情开始工作的。这里有一些经验丰富的导演提示了几个容易忽视的问题。

第一，走位。走位是导演与演员以及其他部门的负责人——摄影指导、录音师、灯光师等——快速地过一遍镜头，在每场戏开头进行走位是为了暴露潜在的问题，发现演员动作和镜头调度是否合拍，比如演员的位置、摄像机运动的路线等。有时还需要在演员站位处做上记号，对于比较复杂的场景，走位可以避免正式拍摄时的手忙脚乱。

第二，一个镜头争取三遍拍完。有经验的导演说，精益求精是对的，但是不要事事追求完美，以后还有很多机会去完成梦想，根据计划和进度拍摄，不要吹毛求疵。

第三，坚持到底。可能你总是担心错误和创造力匮乏，这需要一步步积累经验，继续拍摄，别回头，别停止，别自我怀疑，只要拍完每一页剧本，你就成功了，虽然不是精彩绝伦，但一定是一部完整的电影。

(四)剪辑与补拍

对于导演来说，千万不要认为拍完就完事了，杀青后，短暂休息，然后就会跟剪辑师一起并肩作战，这是一个重新认识、再次创作的机会。导演和制片人在看过粗剪版之后，可能就会发现一些问题，比如情节衔接不够连贯、镜头表达不够充分等，这就需要补拍一些镜头，或者用不同的拍摄方法修改之前拍过的一些镜头；或者，多拍一个"另类"的结尾，说不定会有惊喜；甚至，可能摆脱之前的一切预设，重新创造角色和故事，整合各个部分，制作出一部崭新的电影。

重新组织结构，改头换面地剪辑毕竟是比较少见的，我们主要来看看后期剪辑中的补拍，也就是对技术、艺术上失误等原因而报废的已拍镜头所进行的重拍和根据艺术需要进行的补充拍摄。

补拍很麻烦，因为演员、场景等需要重新组织、协调还原，但是，补拍又是非常常见的，许多好莱坞大片也经常需要修修补补，这是追求完美的表现。比如，2016 年的电影《星球大战外传：侠盗一号》，粗剪版在内部试映中反响不佳，令迪士尼公司的高层下决心补拍。他们认为，影片基调太过黑暗，希望加入些喜剧要素和动作戏。为了这次补拍，迪士尼还专门请了《谍影重重》系列的金牌编剧托尼·吉尔罗伊，由他对剧本进行改写，以令故事更为丰富。吉尔罗伊还承担起第二单元导演之职，负责监督某些增补场景的摄制。再比如《复仇者联盟》系列，每一部都经历过为期数周的补拍。不过漫威公司的总裁凯文·费吉早就表示，补拍实乃漫威的一大成功法宝。"补拍的价值无法计量，"他说，"虽然有时候只是为了修正缺陷，但大多数情况下，补拍都事半功倍。有时它能带来更棒的创意，更多时候，为了让电影更简洁或更有力度，我们会去掉一些内容，而补拍就起到把其余部分联结起来的作用。"在费吉看来，补拍不仅至关重要，而且是种乐趣。他说："后期制作才是我最喜欢的部分。因为当你能看到整部电影的时候，才最容易找到问题。"①

---

①　根据豆瓣电影评论整理。

相对于这些大制作电影，微电影制作中的补拍就是小巫见大巫了。但是基本规律都是一样的。一般有以下两种情况：①按原方案进行完全重复的实拍；②按新方案进行的实拍。难点在于：补拍的场景、镜头必须在表演情绪、光线效果、色调、气氛、节奏等方面与前期拍摄的场景和镜头有机衔接。因此，前期拍摄时关于摄影技术和艺术效果的现场记录极为重要，它是情景复现的重要依据；另外，为补拍预留经费是非常必要的，服装、道具等也需要保留好，还要与一些重要外景场地的管理者保持较好的关系。

二、棚内拍摄

微电影拍摄的场地主要是摄影棚和室外外景，其中，摄影棚拍摄比较经济有效，但往往容易被忽视。

（一）灯光

在摄影棚内拍摄时，光效主要是靠各种灯具照明来实现，一般来说，摄影棚的空间越大，需要的灯光就越多，除了把场景照亮，还需要一些光源来对人物进行多角度补光，现场的重要道具有时候还需要特别给光，否则，画面的细节和层次感就无法凸显出来。所以，在棚内拍摄时，灯光组是比较辛苦的，他们必须提前赶到现场布光，拍摄中还要不断调整，拍摄完成后要留下清场，整理灯具。

摄影棚的灯光布置完成后，接下来的事情就是摄影师的了。如果我们用单反相机进行拍摄，其系统功能是比较强大的，白平衡自动模式也可以给拍摄者有力的支持。但使用手动白平衡设置，配合光圈、快门和感光度（ISO），更能达到理想的画质要求。每次拍摄的环境和布光不同，这些参数都要逐一检查，同一场戏应该光效一致，为了保险起见，可以试拍后回放观看效果，不能拍完了才发现参数不对。

（二）摄像机运动

摄影棚内的空间一般都有一定限制，拍摄时可能多拍固定镜头，但是运动摄像可以打破固定镜头太多的琐碎和呆板。前面讲过的三脚架和稳定器都能使摄像机运动起来。不过，棚内拍摄还用到两种比较常见的辅助设备：小型轨道车和摇臂。大型轨道和摇臂一般在大制作电影的外景拍摄中是必备的器材，它们能够帮助我们获得更加广阔的视野和多样的镜头运动方式。现在，很多小型轨道特别适用于低成本的微电影拍摄，而且与单反相机匹配使用，能够获得平稳匀速的移动摄像效果，如图6-1所示，使棚内的静态空间变得灵动起来。小型摇臂的运动更加灵活，除了受到棚内长度、宽度和高度的限制外，基本也可以做720度运动拍摄。

（三）抠像合成

在众多数字技术中，绿幕或蓝幕抠像合成技术在影视制作中非常流行，包括电视制作的虚拟演播室、电影制作场景合成等。一些大投入、高难度的灾难片、科幻片、动作片频繁地使用抠像合成技术，不仅可以减少电影的制作成本，同时还可以为观众营造出视觉盛宴，让电影更加扣人心弦。用蓝幕作背景也是很容易实现抠像的，不过，绿幕使用的荧光绿色在电脑系统中更容易与前景分离，同时这种颜色较为明亮，不易产生黑边。在亚洲，一般使用蓝幕，而在欧洲，一般使用绿幕，主要是因为欧洲人蓝眼睛居多，使用蓝幕的话，后期抠像容易把演员的眼珠抠掉。

图 6-1　棚内拍摄的轨道

抠像不仅是后期技术，前期拍摄也很重要，主要涉及绿幕的材质、摄影机设置、打光方式。在拍摄之前，我们需要确认绿幕幕布的质量，通常绿幕会采用100%细洋沙面料，它有很好的吸光效果，并能保持干净，或者使用染料，乳胶质地也能够吸收光线不反光，但不管选用何种材质的绿幕，一定要注意：减少褶皱和杂质！如果幕布上有任何瑕疵，会给后期制作带来麻烦，如果拍摄资金有限，在拍摄绿幕时可选用三点布光法，将人物光与为绿幕打的背景光结合在一起，这样省时省力，但缺点在于不自由。如果想要做得更加精良，推荐用经典的三点布光为人物打光，再增加两盏灯专门为绿幕打光，将人物与背景的光区分开，后期的灵活性也更大一点。一个重要的原则就是绿幕上不可留下影子。如果能够模仿好莱坞在脚下的绿幕上铺实景拍摄时的地面，那么演员在地面上的影子是可以保留的，但小心影子不要一半在实地上一半在绿幕上。在实际拍摄中，绿幕照明有一定的基本原则，就是要明确背景的风格样式和内容。因为绿幕拍摄的最终目的是合成，所以也就存在一个合成以后的统一问题，在光线上具体表现为光线的质感、方向以及强度是否统一。举例来说，如果背景是一个日光外景的环境，那么在绿幕拍摄补光时，就可以在同外景光线统一的条件下，让光线从略高一点的角度照射过来，呼应日景光线的大致方向。

同样，如果合成的是室内环境的背景，除了参考背景环境中的光线方向、性质以及气氛外，还可以让光线从侧面的方向照进来，把光源依据推断为室内的壁灯等，不仅满足了照明的基本需要，并且起到了光线造型和气氛营造的作用。

一切准备就绪后，不要急着拍摄，先检查一下摄影机的设置。首先，调整好白平衡，这对于后期对色度的识别有决定性的帮助；其次，调整 ISO，将感光度调到最低，保证噪点最小，让画面尽量精致、明晰；最后，将光圈调到最大，因为我们希望得到一个更大的景深。

作为新手，在拍摄绿幕镜头时，要小心一些容易犯下的错误：在绿幕前让演员穿绿衣服，或者在蓝幕前让演员穿蓝衣服；演员佩戴眼镜，容易造成镜面反射到绿幕的穿帮；拍摄反光透明物体，折射或透视到绿幕，后期清除困难；演员距离绿幕太近，在镜头中容易沾染绿幕的反射光。

三、外景拍摄

当然，前文已经谈到，有些特殊的外景地点需要得到拍摄许可，绝不可以想当然地直接去拍摄，否则可能会带来更大的麻烦，甚至涉及法律诉讼，这对于微电影剧组来说是完全不必要的。

一定要提前考察——微电影拍摄的外景呈现和作品的风格有极大的关系。一般而言，不管何种规模的微电影剧组，都必须重视外景的寻找和踩点工作，导演一般会亲自参与外景地的考察，这样能够更好地发现问题，并确定场地是否符合影片拍摄的需要，而且也有利于后期绘制机位图和故事板。对于外景中某些碍眼的景物，还可以考虑后期是否可以利用数字技术进行移除或更换。在前期场景考察中，摄影师还需要考察镜头和光线效果，声音设计对现场干扰杂音的考察也不可或缺。

天气——在外景拍摄中，一般都是利用自然光进行拍摄，天气自然就是非常关键的因素，不同季节、不同时间，太阳这个庞大的光球常常捉摸不定，有时强烈，有时沉郁，给拍摄带来很多意外惊喜，也制造了难以预料的麻烦。春天和秋天天气晴朗，往往比较适宜拍摄，夏天的太阳猛烈，会投下重重的阴影，有时需要专门给演员的脸部打光，或者需要反光板进行补光，这个季节的清晨和黄昏往往都会有朝霞和晚霞，是比较特殊的美景，不容错过。冬天往往日光不够，拍摄时间比较有限。

夜间拍摄——外景拍摄还有一个比较特殊的时间，那就是夜间。什么都看不见的夜间，拍摄的问题是需要全面布光，创作上比较自由，但是很耗费人力和物力。不过，城市的夜晚经常是灯火通明，霓虹闪烁，这往往能给我们提供比较别样的场景。

独特风光——外景拍摄的最大魅力就来自自然和人文风光的独特性所带来的视觉享受，无人机镜头下的山崖绝壁、田埂村庄，稳定器或轨道上摄像机移摄的花丛、小道、阶梯、人群等，这都让运动镜头的魅力发挥到极致。

<h1 style="text-align:center">第四节　录音与配音</h1>

一、微电影的声音

自从有声电影诞生以后，人们就再也难以想象没有声音的电影了，而伴随数字技术的发展，电影的声音效果不断得到丰富和提升，以满足观众更加立体的观影体验和审美需求。不论场景多么复杂，情节多么激烈，声源多么广泛，影视作品中的声音无外乎以下三类：语言、音乐和音响。一般来说，语言是用来表达意义的，音乐是用来表达情感的，音响是用来表达现实的，也就是表意、表情、表真。

（一）语言

这里的语言是一个狭义的概念，主要是有声语言，也就是电影里的人声，类似戏剧中的台词，要与前文讲到的电影语言、视听语言、镜头语言等区别开来。电影有声语言主要包括对白、旁白和独白，各具特点和功能。

1. 对白

对白是影片中演员说的话，是影视创作的重要元素，对人物性格的刻画、人物关系和背景的交代、戏剧冲突的表现、剧情的推进、主题思想的表达起着重要作用。影视对白在剧本阶段就已经形成了，一个好的剧本，对白是需要仔细琢磨、反复推敲的，最后做到没有一句废话，每一句话，甚至是每一个字、每一个标点符号都是有用的。对白的效用通过演员的表演呈现出来，衡量一个演员的演技，就看他是否能准确无误地、恰到好处地完成语言创作。

优秀的电影和优秀的对白台词往往同时作为经典流传下来，让人们久久回味：

> 每天你都有机会和很多人擦身而过，而你或者对他们一无所知，不过也许有一天他会变成你的朋友或是知己。——电影《重庆森林》

> 我们要学会珍惜我们生活的每一天，因为，这每一天的开始，都将是我们余下生命之中的第一天。——影片《美国美人》

> 我听别人说这世界上有一种鸟是没有脚的，它只能一直飞呀飞呀，飞累了就在风里面睡觉，这种鸟一辈子只能下地一次，那一次就是它死亡的时候。——影片《阿飞正传》

> 恐惧让你沦为囚犯，希望让你重获自由。——电影《肖申克的救赎》

真相是一种美丽又可怕的东西，需要格外谨慎地对待。——电影《哈利·波特》

2. 旁白

旁白也就是画外音，在纪录片或新闻节目中，被称为解说词，是以第三人称的方式叙述故事、解释背景和环境，具有旁观者的客观视角。在电影中，旁白还可以对人物做简单的介绍，为人物的性格和心理做必要的暗示和补充，提示和推动情节发展也可以运用旁白。很多人认为，长篇电影不能过度使用旁白，因为电影需要靠镜头语言的艺术魅力来传达信息，并驱动观众的好奇心，用旁白的"解释"来填充电影的表现空白，不是最佳选择。但是，如果旁白运用恰当，也可以起到很好的效果。张艺谋的代表作《红高粱》中，旁白的使用亦是可圈可点，影片一开始就是通过"我"的旁白交代人物背景："那天抬轿子的，吹喇叭的都是李大头的伙计，只雇了一个轿把式。他是方圆百里有名的轿夫，后来就成了我爷爷。"这段旁白的作用就是设置了悬念。

3. 独白

独白是演员在剧中以第一人称口吻阐述或者讲述故事的一种方式，主要用来表述自我的内心活动或人生经历。有的电影用传记式或者自述式风格表现时空跨越较大的故事情节，阐述人物所处的时代背景、时间、空间，但独白更多的是作用于人物的心理活动和人物的心理状态。王家卫执导的《重庆森林》中，编号 223 的警察有一段独白："不知道从什么时候开始，什么东西上面都有个日期，秋刀鱼会过期，肉罐头会过期，连保鲜纸都会过期，我开始怀疑，在这个世界上，还有什么东西是不会过期的。"从这段独白中可以感受到，生活中的小人物用这种絮絮叨叨的方式诉说着自己的内心感受。

由于微电影的"三微特性"给创作较大的限制，旁白和独白的使用往往能够扩展影像时空、增加画面信息、展现叙事意义。当电影形象和人物对话无法表现人物的心理状态或者画面意义的时候，就可以用旁白或独白的形式来进行补充。

(二) 音乐

严格来说，从无声电影到有声电影，中间还经历了配乐电影的时期，比如，卓别林的喜剧电影虽然没有人声，但是由于配上了音乐，也更加生动起来。现在，电影音乐变得和电影情节一样重要，它在加强影片的感情、突出情节的戏剧性、渲染气氛等方面的作用功不可没。许多电影的原创主题曲成为经典经久流传，甚至比电影本身更加脍炙人口，比如《大鱼海棠》《匆匆那年》等。

微电影中的音乐也是其综合艺术水平的体现。不过，对于小成本的微电影来说，原创音乐一般是较少的，多数直接用网络音乐或者购买其他音乐版权。但是这些音乐往往不能直接应用到微电影中，因为其独立的完整性和主题诉求可能不能很好地匹配你的电影，所以，往往需要对成品音乐进行分解，选取所需要的部分，在后期制作中对音乐音量、转场等进行编辑。比如网易云音乐作为网易打造的专注在线音乐服务的网络平台，多次参与或支持全国大学生广告艺术大赛，其中的微电影广告就是要求为一首歌创作一部 3 分钟以内的微电影。

(三)音响

电影中的音响就是作为影片场面背景出现的各种现实声音效果。

从声源来看，音响主要分为自然音响、机械音响、动作音响、特殊音响，这些可以统称为环境音响。环境音响最早是作为一种营造真实听觉空间的手段来应用的，也是环境音响最基本的作用。环境音响还可以参与到影片的叙事当中，主要作为画外音出现，暗示观众在画面以外发生了什么。不见其形，但闻其声，于是引发观众对画外空间的想象，这种手法往往比直接表现场景更有趣味，或者更耐人回味。更多时候，环境音响的作用是营造一种气氛，烘托某一场景的情绪基调。这时，环境音响无形中成为一种重要的情感表现手法，推动着人物心理的发展变化，也打动着观众的心灵。如《过年回家》是一部同期录音的影片，可将现场的一切声响收进来，看这部影片时，从每一个场景都能听到一些若有若无的音响，如收音机广播、人的喘息、汽车喇叭声、自行车铃铛声等，不一而足，尽收耳中，这使影片的空间感大大增强，而且富有浓郁的生活气息，并且与影片的纪实风格一致。

从技术上看，电影中的音响又分为在拍摄现场同步收录的"同期录音"和在制作后期用人工方法和器具进行模拟和再现来收录的"拟音"。前者更为真实，在电影制作中得到大量采用，后者用来完成一些难以收录和现实中不存在的音响。

二、现场收音

微电影制作新手经常犯的一个错误就是不重视声音，或者天真地认为只要画面好看就行了。"我们会在后期制作中加以纠正"这句话是极为可怕的。因为录好的声音是很难修补的，后期的音效处理往往可调整的空间很有限。所以，即使团队规模很小，预算很有限，也一定要有录音师的位置，配备一套录音设备。

(一)收音设备

1. 摄像机

数码摄像机、单反、微单等摄像设备都是自带 Mic in，也就是话筒输入，可以进行同步收音，但是直接使用摄像设备进行收音基本是不可取的，除非需要的就是环境中最自然的声音，比较适合较大场面环境音的录制。如果要录制演员的台词、特殊的环境音响，就必须使用专门的话筒和其他设备。

2. 话筒

要想在嘈杂的环境里收到清晰的直达声，一支好的话筒必不可少。话筒类型不同，其工作模式也不一样。不是所有话筒都适合在现场录制演员的对话声音，影视制作中常用的话筒是指向性话筒，或者可以藏在演员身上的无线领夹话筒或项链话筒。对于微电影拍摄来说，录音笔和手机也可以作为录音设备使用，成为最经济实惠的方案。

（1）指向性话筒

指向性话筒（如图 6-2 所示）是相对全向性话筒来说的，它们并不是均匀地捕捉来自各个方向的声音。电影现场收音要求指向性较强的话筒，比如枪式话筒，由于它的指向性，可以用吊杆支在演员头顶，或者从地面向上举在演员身前，能够有效做到既不入画面，又能捕捉到清晰的对话声。

图 6-2　指向性话筒

（2）无线领夹话筒

无线领夹话筒（如图 6-3 所示）也就是我们常说的小蜜蜂，虽然这是一种全向性话筒，但是非常小巧，可以藏在演员身上或放在离演员非常近的地方，其抗环境噪音的能力也非常强，而且又是无线的，使用起来也比较方便。好的无线话筒也可以录到干净、清晰的声音。不过，如果小蜜蜂直接插在摄像机或单反上面，就只能录一个人的声音，环境音都不能收进去。微电影里面常见的双人或多人对话场景，如果要用小蜜蜂录音，就需要使用多轨录音机。

3. 吊杆、防风罩、监听耳机

将话筒架在一根长长的吊杆上是最常见的话筒放置方法，既不会影响演员，也不会影响摄像机，吊杆员还可以方便地移动话筒，他并不是一个单纯的体力劳动者，必须有丰富的片场操作经验，才能在话筒不穿帮的前提下通过监听正确把握话筒的最佳位置，来实现最优的人声录制效果，当然这时也存在一个问题：现场人员的脚步声或其他动作可能会产生噪音而污染录音。

背景噪音和风噪有时候是难免的，因此还得给话筒穿上防风罩，来隔绝风声。如果风很大，还要给话筒穿上毛茸茸的防风毛衣，行话叫作猪笼罩，这样可以更好

图 6-3 无线领夹话筒

地降低风噪，如图 6-4 所示。

图 6-4 户外拍摄时运用话筒吊杆和防风罩

监听耳机能帮助我们听清录制的声音，免受外界干扰，所以不要忽视了。

(二)收音技巧

1. 测试一下

录音组的工作人员需要较早到达拍摄现场，他们要架好设备，检查设备，快速录一段声音，然后回放测试是否有问题。还要检查一遍所有电池，换掉有问题的电池，当万事俱备才发现电池没电是最糟糕的事情。由于正式拍摄前，导演会要求演员进行走位，录音组也会在一边观看，熟悉演员的走位，看他们在什么地方、什么时候说台词、台词的声音大小、音调如何等。

2. 对话和环境声

录音时录好现场的对话是首要的任务，特别是低成本的微电影拍摄，录音师往往只关注优质清晰的对白，不需要花时间录其他任何东西，甚至有时候如果出现了难以弥补的声音问题，录音师还会进行对白补录配音，也就是把演员带到一个安静的地方，为了录音让他们重新表演一遍。

除了对话，环境音响也是非常重要的，比如开门、关门的吱吱声音，汽车马达的声音，走路时脚步的声音等，有时录音师会使用两支话筒录音，一支话筒靠近演员录制对白，另一支话筒放得远一些，捕捉环境声和混响，这样能够获得更好的声音效果。

3. 注意画面边缘

话筒需要靠近演员才能录到优质的强信号，但同时还要避免话筒进入画面。我们看到露出话筒的画面并嘲笑过这类穿帮镜头，但是你要想到，录音师是看不到摄像师的取景框的，因此他们必须运用自己的技术和判断力估计话筒可以放多低，而话筒越低越有利于录音。在排练时，录音师会询问摄像师画面边缘在哪里，画面边缘就是话筒刚刚进入画面的分界线，拍摄时摄像师会时不时地给录音师打手势，告诉他话筒快到画面边缘了，他们的默契配合显得非常重要。

4. 开始和结束

马上要开拍了，各工种开始进入准备状态，导演喊"录音准备"，录音师就开始录音，他会留5~10秒的空白，以便设备启动进入稳定状态。这时打板员将场地板放到摄像机前，念出场次信息，比如"第20场第3次拍摄"。接下来，导演会喊"摄影准备"，摄影组跟着打开摄影机，然后一声打板之后，导演喊"开拍"，演员开始表演，一场戏就开拍了。

当一个镜头拍完之后，导演会喊"停"，这时录音师会录一两个击掌声，然后再按暂停或停止。录音师还要及时检查声音录制是否有问题，比如可能有不相关的人员在说话，或者演员的声音太大或太小，话筒有沙沙声等，录音师可以用大拇指朝上、朝下的方式来提示导演是否需要重拍。如果声音出现问题，最好是马上重拍，不要留到后期进行修正，录音师最好在拍摄的间隙填写录音报告单，这样对后期的剪辑来说就非常方便。

5. 蜂音

录音师会在拍完每场戏的时候录一段蜂音，即这场戏的场景声音，这往往是我们用耳朵不易察觉的声音，录制下来就是一种"嗡嗡"声，这不同于后期制作时加入影片帮助创造环境实感的环境音，剪辑师可以用它来消除镜头中不想要的噪音，也就是降噪处理需要去除的样本。随着数字技术和后期制作技术的普及，剪辑师可以复制、粘贴一段音频，所以蜂音不需要录很长时间，一般30秒就足够了，但是也要注意，为了给一场戏录一段准确的蜂音，录制时间和地点应该与该场戏拍摄的时间和地点保持一致，演员和工作人员也要待在现场。

三、后期录音

(一) 非同步现场录制

在现场拍摄时，对白和音效也可以采用非同步录制的方式，将声音和画面分开记录，这样录制的声音质量更加完美。比如，有的场景比较大，拍摄的多是远景或者演员脸部不入画，看不清楚演员的嘴型，演员的对话也不是很多，这种情况就可以采取同步补录的方法来对对白进行收音。但最好是在这场戏拍摄完毕之后，立刻补录这些台词，保证环境声音的一致和连贯性。有时候由于拍摄条件不好，无法拾取高质量的声音，这种情况下也可以采用非同步录音的方法，挑取合适的声源，在后期制作的时候再混到其他声音中去。

(二) 对口型的对白录音

录制对白是后期录音的主要工作之一，有时拍摄影片画面时，不进行声音的拾取和录制，而是等到画面拍摄完成，且剪辑后在录音棚进行声音录制，这种方式的优势在于在拍摄过程中不用考虑拍摄现场声音的环境限制，充分发挥画面的呈现空间，降低拍摄的难度。录制对白首先要考虑录音棚的选择。录音场所在录音过程中对录音质量是有较大的影响的，因为声音的清晰度和混响有着密切的关系，所以我们在选择录音棚的时候，要注意录音棚的混响，同时还要考虑录音棚内的隔音设施和吸音材料。其次要考虑配音演员的选择。最好的声音造型后期创作还是由演员来进行配音，如果客观条件无法实现，那么在进行语言形象设计的时候，就要根据剧中人物性格特征进行配音演员的选择，配音演员在进行后期配音时不仅要对上口型，还需要音量、音调、情绪等拿捏到位，这是非常专业的标准。比如湖南卫视的原创秀节目《声临其境》，邀请专业演员、配音演员为影视剧现场配音，考验其台词功底、配音实力和表演功力，很多演员都可以做到口型精准，甚至音色、语调等都是原音重现，足见功夫之深。对于大学生微电影创作来说，一般选择后期对口型录对白是比较困难的，大多数情况下还是要设计好同期收音方案，配合后期制作，使声音和画面的配合更贴切、更完美。

(三) 音响录制

实际上，电影中的许多音响效果都是后期录制的。环境音响是微电影创作中一个很重要的内容，主要包括自然音响和动作音响。一般不提倡在现场拾取环境音响，因为虽然这样具有真实感，但是效果一般，没有冲击力。建议另外再寻找合适的场景重新录音，比如夏天的蝉鸣、蛙声、武器碰撞的铠铠声等。音响的选择与创作是强调或突出某种特殊场景，或者烘托人物心理变化，可以在自然环境中进行录制，也可以进行后期模拟。在后期制作时，要处理好与人声和音乐的关系。

第五节　微电影剪辑

前文已经学过许多关于影视结构和视频编辑的理论和技能：影视时空观念与声画关系、蒙太奇理论、镜头组接法则、转场的技巧、非线性编辑的流程和编辑方法等。这些基础知识为我们进行微电影剪辑奠定了坚实的基础。

那么，对于微电影剪辑来说，是不是把前期拍摄的镜头按照剧本的要求攒在一起，按照既定的流程编辑组合起来就可以了呢？这样可以做出一部微电影，但是并不是一部好的微电影。对于电影剪辑师来说，最重要也是唯一要做的事情是：用所拥有的所有材料讲出最好的故事。电影剪辑的困难之处就在于超越前期镜头、剪接场景的结构，深入故事的层面，哪怕最后结果与剧本相差甚远。

一、讲故事的方式

电影是由不同的镜头段落组成的，镜头段落又是由无数镜头拼接在一起的，但是光有段落和镜头并不能组成电影。也就是说，单独的段落、单独的镜头是一个意思，当它们形成一个故事，自身就会被故事的最终含义所吞噬，又会变成另外一个意思了。如何安排电影的结构和节奏，就决定了我们讲故事的方式，这是一个从有规律到无规律的阶段性变化的过程，因为有无限的创造性和可能性。但有一点一定要记住：一定要满足观众的期待。任何画面的连续组接都会触发观众的生活经验和情感需求，这就要求我们在电影剪辑的时候一定要换位思考，而不是自娱自乐。

(一)设置悬念

悬念是欣赏戏剧、电影或者其他文艺作品时的一种心理活动，即关切故事发展和人物命运的紧张心情。作家和导演为体现作品中的矛盾冲突，在处理情节结构时常用各种手法引起观众或读者的悬念，以加强作品的思想、艺术感染力。[①] 它包括设置悬念和解释悬念两个方面。前有"设悬"，后必有"释悬"，否则悬而未决不能算是完整的故事，而且，故事的精彩往往在"释悬"的设置上，观众所有的期待也是在这一刻。

俗话说"人生如戏""无巧不成书"，说的就是文学、戏剧或影视创作中的那些情理之中、意料之外。比如戏剧创作中的突变、发现与巧合的方法，就是用不同寻常的套路设置悬念和解释悬念。突变与发现往往是相互关联或同时出现的，而其中往往又不排除偶然情况，巧妙地糅合着合理、自然的巧合。突转，通俗地讲就是一种意料之外的突然变化，而且这种变化比较极端，往往是朝着与剧情相反方向突然变化，比如大喜大悲的转变、顺境逆境的变化等。它是通过人物命运与内心感情的

---

① 　出自《现代汉语词典》和《辞海》。

根本转变来加强戏剧性的一种技法。发现就是指剧中人物从不知道到知道的转变，可以是主人公对自己身份或者与其他人物关系的新的发现，也可以是对一些重要事实或事物的发现。比如在养父母身边长大的孩子，因为一次巧合突然发现自己的身世之谜，从此整个人生轨迹发生了变化。解开悬念往往还会采用拖延战术，吊起观众的胃口，又迟迟不满足其心理期待，当观众的好奇心积累到一定程度后再揭开谜底，更能令人刻骨铭心。不过，要掌握拖延的度，不能太过拖沓。

对于影视作品来说，在剧情的悬念设置之外，还可以通过画面形象和镜头组接设置悬念，正如我们前面谈到的，特写景别、背面拍摄、主观角度、蒙太奇技巧等都可以形成悬念。著名悬疑电影导演希区柯克就是设置悬念的高手，如果他要表现一个爆炸的场景，会把定时炸弹的特写镜头放在前面，这样就造成了悬念，并牵动观众的心。

(二) 时间控制

影视时空具有极大的自由度，特别是电影时间的结构安排给故事叙述提供丰富的线索。

1. 倒叙

倒叙实际上就是一种颠倒蒙太奇的手法，微电影的时间和空间都是有限的，用倒叙的手法可以直接从结尾开始说起，改变故事的排列方式。微电影《最后三分钟》就是用倒叙来展开故事的，将人生的经历颠倒过来，从老年、中年、青年、少年、再到婴幼儿时期，用3分钟的时间讲述了一个人物的一生：故事开篇是一位打扫卫生的老人，由于突发心脏病而摔倒在地，口袋里的水晶石滚落下来，老人握着水晶石看到了自己的一生，中年时期酗酒，妻子离家出走，青年时期恋爱、参军，少年时期享受家庭的欢乐，父亲将水晶石递给他，婴幼儿时期母亲的慈祥与温柔，等等，这些场景和画面构成了他的一生，最后又回到生命的终点，老人在痛苦中去世了，这样的结构安排让人看后更加揪心，站在主人翁的视角，不禁会想：早知如此，何必当初！观众看过之后也难免自省，当珍惜眼前，热爱生活。

倒叙是一种非线性的叙事方式，它对影片的故事情节能够进行高度的浓缩，在有限的篇幅里传达更多导演希望观众感受到的情绪，在对人物的塑造和剧情的紧凑性上有很好的控制。

2. 闪回与闪前

闪回是视听语言中对过往时间重新调用的一种描述，简单点说就是回到过去，将主人公的过往经历进行呈现或再次呈现；闪前就是呈现未来的世界，由于在影像序列中时间是可以控制的，闪回与闪前都是对时间实现控制的具体手段，都是对影片结构重构的主要手段，都体现了导演或创作者在影片创作时的主观构思。

3. 拉伸与压缩

时间在电影里是个变量，电影中的时间与现实中的时间并不能完全画等号，电影中的时间只是一种感觉，观影时观众会感觉时间变长或者感觉时间变短，镜头之间的组合可以造成时间拉伸或延长的效果，比如对人物某一动作不同角度进行呈现，将原本完成这一动作的时间叠加，使观众在这一时刻感觉时间很长，有点像我们文学里面所说的细节描写或者是刻画。

时间压缩也非常常见，导演在尽可能短的时间内创造出更多戏剧冲突和服务故事主题的情节点，以提升影片的故事性和趣味性，丰富观影者的主观感受。在电影里，几秒的时间可以浓缩几千年、几百年、几十年、几年、几小时、几分钟的精华，它可以通过镜头的组接来实现，也可以通过镜头的快放来实现，或者直接利用转场字幕提示。

(三) 速度感

有些电影看上去很沉闷，观众看完了之后可能感觉无聊，这可能就是影片的速度感出现了问题。我们有一个惯性思维：想要片子的节奏快，就用时间短的镜头，反之，想要节奏慢，就用长镜头。这虽然是对表现速度感的浅层次体会，但往往也会奏效。我们也可以通过镜头间的变化关系和对比来体现速度感。比如，在高速行驶的汽车中坐着两个人，如果从车内拍摄，汽车行驶的速度保持一定的恒定速度，从画面上观众是不会感觉到速度的，如果此时加入追逐过来的其他车辆，又安排汽车不断转弯、变道，还穿插紧张的人物表情的特写镜头，这样一来，即便你坐在车里，也一样可以展现速度感，让人感觉节奏快，情节紧张。

二、微电影剪辑的常见问题

(一) 忽视素材整理

实际上，我们不能等到拍摄工作全部完成之后才开始剪辑工作，剪辑工作一般在拍摄的第 2 天就可以开始了，因为还有许多文件需要整理，如果每天能够及时整理前一天拍摄的素材，那么对于日后的剪辑来说就非常方便。剪辑师要做的第一件事就是将视音频素材整理好，输入素材的时候，剪辑师会将素材切成单独的镜头列在文件夹里，一定要给这些镜头和文件夹清楚准确的命名，如果采用缩写，也要确保这些缩写的名称很容易理解。原始的素材也应该安全地存放起来，或者做一个备份，以备将来使用。

(二) 吝啬每一个镜头

一般影视作品的制作耗片比是 6∶1 甚至 8∶1，也就是拍摄的镜头肯定是绰绰有余，剪辑的时候有的人会犯选择困难综合征，面对如此多的镜头，竟然不知道选择哪些镜头。这种情况大多是因为没有从整部电影的叙事和结构上做整体考虑，而是在考虑每一个镜头，单独从每一个镜头来看构图可能很美，表演可能很到位，剪掉任何一个镜头都有些于心不忍。但是实际上从整体来看，很多镜头都是多余的，甚至从整部电影来看，有一大段都是差强人意或者意义不大的，这时候一定要剪掉，如果剪不掉，至少也要尽量压缩，因为可能会因为一个镜头、一个段落而毁了一部电影。因此，在剪辑的时候绝对不能心慈手软，对整体叙事无用的镜头或段落就要毫不吝啬地剪掉。不能忍痛割爱，往往会造成影片节奏拖沓。不要以为观众不理解你的艺术，他们并不是一帮无知的人，观众对电影节奏的需求来自最本能的心理感受，节奏太慢的电影是无法勾起人们的观看欲望和情感冲动的。

（三）吹毛求疵

剪辑师可能都有视觉洁癖，他们总会纠结一些细节，比如不合理的剪辑、镜头的晃动、对焦不准、表演不到位、道具场景穿帮等，他们往往会花很多时间进行修正和弥补，因为他们认为从专业上来讲，这是不可原谅的过失。实际上，对观众来说，这些东西十之八九不会有人注意到，除非是重复观看，观众不会刻意注意影片中的技术问题，他们想要的只是一个很精彩的好故事，所以，不要太过于吹毛求疵。

三、微电影剪辑基本流程

（一）第一剪

开始剪辑了，剪辑师首先对照剧本检查拍摄好的素材，对故事有一个整体把握，然后选用拍得最好的镜头，把一场戏串起来，有些戏串联很容易，有些可能比较困难，甚至串不起来，那可能意味着这场戏需要增加镜头，就需要做好记录，建议补拍或重拍部分镜头。剪辑师应该能够在一天内全部剪完或剪完大部分前一天拍摄的镜头，傍晚剧组收工的时候，导演和制片人可能会来剪辑室看看效果，讨论怎么处理有问题的戏，然后才结束一天的工作，所以剪辑师的第一剪要尽早开始。

（二）粗剪

电影一般是边拍边剪，在全部拍完之后，剪辑师应该已经完成了第一次粗剪，按照清楚明白的拍摄结果，将每场戏剪出来，然后按照剧本的顺序将它们排列在一起，中间偶尔会插一些字幕，缺失镜头或缺失场次，此时剪辑师还不会在片中加入自己的创作，只是将框架搭建起来，观看第一次粗剪的成果往往让人非常沮丧，太拖沓、节奏差、表演差、剪辑差、镜头差、声音差，基本上都是一堆垃圾，然后就抱着乐观主义的心态撸起袖子，全心全意地投入"垃圾"清理工作，在"垃圾"中挖掘深埋其中的美玉，这块美玉才是你的电影。当然，低成本的微电影制作或者是刚开始拍电影的人都会经历这个过程，几乎每部电影的第一次粗剪都只会让人看到影片的问题，而看不到优点，距离最后的精雕细琢和正式审判还有很长时间，所以不要惊慌，也不要太沮丧。

（三）第 N 次重新剪辑

看过第一次粗剪之后，剪辑师、导演和制片人展开自由讨论，决定接下来要做的方方面面的安排，剪辑上会做大量的显著调整，在接下来的一周左右时间，剪辑师和导演可能会修正几百个小毛病，去掉一些对白，调整故事结构，去掉多余的镜头、场景以加快故事节奏，甚至还会加一些音效和临时音乐，感觉一下电影的最终效果。当然还需要补拍或重拍一些缺失的镜头和场次。可能电影的最终剪辑版会被更改无数次，在剪辑时总是会不断思索影片存在的问题，重新剪辑的欲望在心中难以压抑，只需要很短的时间，一个真正的改进版本又新鲜出炉了。

(四) 试映

每一个读过剧本、目睹过演员表演、最后看过剪辑的人当然能够明白影片的内容，他们知道故事是什么。但是观众不同，他们观看影片的时候是第一次体验这个故事，表演和对白的微妙之处在电影制作人看来意味着一种含义，而对于观众来说可能是相完全相反的含义。一个好的解决办法就是在试映之后组织讨论，检查所有的情节设置是否有效，是否所有的角色关系都能够得到观众的正确理解。找一些不认识的人来观看电影很重要，因为朋友可能会碍于面子不好进行评价，他们总是会给出一些赞美之词，但是要记住，你现在需要批评的声音。观众在体验你的故事时，你要一直观察他们，会快速发现他们觉得什么地方无聊，影片放完之后可以专门问几个问题，根据大家提出的意见，可能又会发现自己犯了一大堆常见的错误。

(五) 最终剪辑版

最终剪辑版并不是完美无缺的，往往是因为我们的费用、感情、精力都耗尽了，创造力也枯竭了，于是电影真正出炉了。对于制作者来说，有一个悲哀的事实，那就是你做得越多，越会发现很多不满意的地方——表演不到位、镜头角度不好、声音不理想、剧本不好等，你只能往前走，记住，不可能做出人人满意的作品，更好的作品永远是下一部。

第六节　短视频时代

一、短视频的兴起与发展

短视频与电影诞生之初的短片形态一样，都是影视制作与传播技术发展的产物，短视频的兴起得益于移动互联网技术、手机摄影技术和媒体技术等三股力量的合力，短视频也称为"小视频"和"微视频"，本质上是一种短片，短到视频长度可以以秒计算，主要依托于移动智能终端实现快速拍摄与编辑，可在社交媒体平台上即时传播和分享。

(一) 短视频在国外的兴起与发展

短视频最早兴起于美国。2005 年，美国的视频网站 YouTube 推出最早的短视频平台——UGC(个人注册账户)平台。2011 年，视频分享应用 Viddy 正式发布，支持用户拍摄 15 秒视频，并与 Facebook、YouTube 等社交平台实时对接，用户第一次体验到拍摄视频并且即时分享的功能。2014 年，Viddy 已经达到了 5000 万的用户量。除此之外，也出现了 Givit、Threadlife、Keek 等短视频应用。

(二) 短视频在中国的兴起与发展

我国短视频传播可以追溯到 2011 年，但直到 2013 年，新浪微博才首先增添了短视频拍摄与分享功能，秒拍和腾讯微视也分别在 2013 年 8 月、9 月上线，算是正式拉开了移动短视频时代的帷幕。在 4G 网络没有到来之前，短视频发展的最大阻碍在于相对于文字和图片来说过于消耗流量成本，常常出现网络不稳定的问题，使短视频加载困难、播放卡顿，这也是阻碍用户观看短视频的原因。2014 年 7 月，中国移动公司召开了新闻发布会，明确将会继续降低 4G 资费，加强网络建设。随后，美拍、快手、微信等纷纷发力短视频领域，梨视频也成为传统媒体资讯短视频的标杆。2016 年，抖音正式上线，短视频行业竞争开始进入白热化阶段。正是在这一年，中国 4G 用户数呈爆发式增长，全年新增 3.4 亿名用户，总数达到 7.7 亿名用户，在移动电话用户中的渗透率达到 58.2%。随着 5G 时代的到来，用户需求快速迭代，短视频在未来仍是吸收移动互联网流量的巨大"黑洞"。《中国移动互联网发展报告(2020)》数据显示：截至 2020 年 3 月，中国手机网民规模达 8.97 亿，较 2018 年底增长 7992 万。移动互联网月活跃用户规模同比增长率下降。与此同时，2019 年我国移动互联网接入流量消费达 1220 亿 GB，同比 2018 年增长 71.6%；月户均流量(DOU)达 7.82GB/户/月，是上年的 1.69 倍；短视频应用更成为流量增长的主要拉动力，移动用户 2019 年使用抖音、快手等短视频应用消耗的流量占比超过了 30%。

二、短视频的特点

短视频一般是在社交媒体平台上播放和传播的，时间从几秒到几分钟不等，内容融合了个人生活、技能分享、幽默搞怪、时尚潮流、社会热点、街头采访、公益教育、广告创意、商业定制等主题。超短的制作周期和趣味化的内容对短视频制作团队的文案以及策划功底有着一定的挑战，优秀的短视频制作团队通常依托成熟运营的自媒体或 IP，除了高频稳定的内容输出外，还有强大的粉丝渠道。

(一) 制作主体多元化

网络短视频的制作主体主要有两类：一类是机构注册账户，简称 PGC，也就是专业的影视或视频制作组织；另一类是个人注册账户，简称 UGC，也就是普通网民。短视频的生成与传统视频不同，只需要有手机等移动智能设备就可以拍摄与制作，而且可以随手拍、随时传，人们越来越乐于在短视频平台上分享自己拍摄的视频，与传统的视频拍摄相比，大大降低了拍摄者的门槛，使视频拍摄者平民化、大众化。

(二)传播即时、便捷

在 4G 网络条件下,特别是由于无线网络的普及和移动流量资费的下调,使短视频同文字、图片一样可以即时、便捷地通过社交平台传播。用户只需几分钟就可以即时上传视频分享到网络,短视频时长短、流量小,满足了即发即收的传播需求。另外,短视频平台都设有分享的功能,短视频平台可与微信、QQ、微博等社交平台对接,特别是人们越来越喜欢通过这种方式迅速传播社会热点信息,这种多方位的传播方式使短视频的信息传播力度强、范围广、交互式强,使信息传播更加便捷立体。

(三)内容碎片化

短视频与传统视频相比最明显的特点就是"短",短视频平台对短视频会有几十秒的时长限制,这就使得短视频慢慢发展为内容精简、主题突出的碎片化内容。现代社会的生活节奏越来越快,人们习惯用生活中的零碎时间更加快捷直观地获取信息,更愿意选择短视频这种快餐式的信息进行浏览。由于短视频时长的限制,人们善于抓取和发布更有创意、吸引力的内容进行拍摄。原本单调、枯燥的视频在短视频 APP 中可以便捷地添加滤镜、特效,使其变得更加丰富、有趣味。手机等移动设备的技术不断提高,用手机拍摄记录也成为人们生活的一部分,使得短视频的内容丰富多彩。

(四)社交属性强

短视频自带社交属性,因为短视频平台同时也是社交媒体平台,比如微博、抖音等。在短视频平台上,用户可以观看和互动,短视频成为人们交流信息的一种方式,就像从前通过文字、图片进行交流一样。短视频方式更受人们喜爱,因为它更加直观,更加具有真实感。这种真实有趣的参与的体验,使短视频很快流行起来。

三、短视频的主要类型

目前,国内短视频行业已日趋稳定并向好发展,垂直领域细分模块增多且快速增长,类型丰富多样且涵盖各领域。在此主要列举当前面向市场化具有代表性的主要短视频类型。

(一)短纪录片型

一条、二更是国内较早出现的短视频制作团队,其短视频多数以纪录片的形式呈现,内容制作精良,其成功的渠道运营优先开启了短视频变现的商业模式,被各大资本争相追逐。从整体来看,短纪录片能够正常运转,需要内容足够优质,然后利用自身的品牌价值,吸引更多广告商投放广告,这种商业模式是纪录片变现的主流方式。同时需要在细分领域深耕,找到细分用户,找到垂直领域适合的用户,在小众圈里形成自身的口碑品牌,就拥有了商业价值,形成商业模式。

一条旗下的"一条""美食台"两个短视频平台,于 2014 年 9 月上线第一条视频。4年半的时间拍摄了将近3000条原创短视频，全网订阅用户达3500万人，日均阅读量2000万。一条作为主打中产阶级电商平台的新零售公司，在社交媒体上打造优质的生活短视频，专注于生活美学领域，旨在通过短视频传递"日用之美"，探讨日常生活的幸福感。以中产阶级消费者群体为主，受众定位明确，具有成熟的商业变现模式。

(二) 网红 IP 型

papi 酱、回忆专用小马甲、艾克里里等网红形象在互联网上具有较高的认知度，其内容制作贴近生活。庞大的粉丝基数和用户黏性背后潜藏着巨大的商业价值。

papi 酱是典型的个人网红 IP 型成功范例。2015 年，papi 酱开始在网上上传原创短视频。2016 年，papi 酱凭借以变声形式发布的原创视频内容而在网络上获得一定关注度，她以一个大龄女青年形象出现在公众面前，对日常生活进行种种毒舌的吐槽。2016 年 3 月，papi 酱获得 1200 万元融资。papi 酱的视频总是通过夸张逗趣的表情动作和用变声器处理过的声音以超快的语速将普通人生活中出现的各种现象及娱乐圈八卦、社会新鲜事进行喜剧式的呈现，且在极短时间内就实现了网红经济变现。papi 酱网红 IP 已被估值超过 3 亿元，吸引多家资本融资；并且以 2200 万元卖出了第一个视频贴片广告，创造了新媒体历史上单条视频广告的最高价格；同时 papi 酱尝试开启直播领域，首次直播观看人数超过 2000 万人，获赞量过亿，整场直播下来，她收到的礼物折合人民币约 90 万元；2016 年，papi 酱成立了短视频 MCN 机构 papitube，作为网红孵化培训基地，帮助签约博主进行推广、运营和商业变现。至此，形成了以网红 IP 为主，涵盖和延伸至多领域的网红 IP 短视频行业产业链。

(三) 草根恶搞型

以抖音、快手为代表，大量草根借助短视频风口在新媒体上输出搞笑内容，这类短视频虽然存在一定争议性，但是在碎片化传播的今天，也为网民提供了不少娱乐谈资。抖音、快手短视频平台更多是 UGC 的内容，不一定讲述完整的故事或者陈述完整的观点，更多是生活场景或者生活情趣的表现。

其中，位居快手草根网红排行榜第一的 MC 天佑，以拥有快手 2600 万名粉丝迅速引领土味视频和喊麦文化的风潮。其代表作品《一人饮酒醉》以简单独特的呐喊式音乐表达形式抒发底层人民的心声，迅速突破圈层，赢得广泛市场，以前所未有的速度冲击着人们的审美体系。近两年，随着短视频的迅猛发展，喊麦成为网友们乐此不疲地使用的创作 bgm（背景音乐），尤其在以抖音、快手平台为代表传播的土味视频等世俗审美的认同之下，掀起一股审丑热潮。

(四) 情景短剧型

套路砖家、陈翔六点半、报告老板、万万没想到等团队制作的内容大多偏向此类表现形式，该类视频短剧多以搞笑创意为主，在互联网上有非常广泛的传播。

万万没想到团队制作的《万万没想到》是一部迷你喜剧情景短剧，该剧以夸张幽默的方式描绘了屌丝王大锤意想不到的传奇故事。故事设定涉及搞笑、穿越、职场等当下热门元素，剧情内容包罗万象，从当下热门话题到经典历史故事，调侃的视角、幽默的语言独树一帜，开启当下网络情景短剧类型的先例。如今的生活节奏，人们很难再有大把时间追剧，迷你剧的出现正好适应了这一趋势，填补了碎片时间，必会成为网剧发展的一大趋势。

（五）技能分享型

随着短视频热度不断提高，技能分享类短视频在网络上也有非常广泛的传播。目前，主要技能分享型短视频类型涵盖拍摄剪辑技巧分享、英语口语技能提升、美食制作技巧展示、电子产品性能测评等，主要依托抖音、哔哩哔哩（bilibili）等新媒体平台传播。

"潘多拉英语 by 轻课"账号内容主打英语教学，高度垂直用户，主打实用英语，服务职场人士。同时真人老师固定出境，设立真人 IP，使品牌人格化，内容易懂、关联生活场景，功能定位为打造日常化生活场景式英语口语实用技巧，主要传播平台是抖音，定位为学习型的抖音账号，寓教于乐，部分短视频中会适当穿插美剧影视作品中的台词，以增加趣味性。

（六）街头采访型

街头采访也是目前短视频的热门表现形式之一，其制作流程简单、话题性强，深受都市年轻群体的喜爱，其中具有典型代表性的街探社以厦门街道为目标地点，随机拉取路人，隐藏摄像机拍摄，以制造搞笑、恶搞类视频为定位，目标群体大多为年轻男女。早期，街探社制作搞笑类视频居多，多为街头采访类型，获赞量高，路人反映普遍真实搞笑；后期，街探社的风格多以温情路线视频为主，同时出现大量情景剧模式视频，多以暖心视频为主，传递正能量价值观。

（七）创意剪辑型

利用剪辑技巧和创意，或制作精美震撼，或搞笑鬼畜，有的加入解说、评论等元素，也是不少广告主利用新媒体短视频热潮植入新媒体原生广告的一种方式。

"爆笑字幕君"属于创意剪辑类短视频的典型账号，在抖音平台中定位为娱乐搞笑类型，目前粉丝量为 32 万人左右，该账号简介为"多一点笑容，多一点快乐"，内容多以幽默搞笑段子为主，字幕采用颜色鲜明字体，后期配有观众笑声和掌声，使人产生身临其境的沉浸感。多期视频以德云社岳云鹏为背景，融入相声表演形式，增加观赏时的愉悦感。

四、短视频监管

目前，我国发展较为成熟的短视频平台主要为以抖音、快手为代表的社交媒体类；以西瓜、秒拍为代表的资讯媒体类；以哔哩哔哩（bilibili）、AcFun 为代表的 BBS 类；以陌陌、朋友圈视频为代表的 SNS 类；以淘宝、京东主图视频为代表的电商类；以小影、VUE 为代表的工具类这六大类别。目前，移动短视频应用大多还是定位在生活分享和社交互动的泛娱乐领域，且这类依靠算法推荐技术作为分发渠道的 APP，都无可避免地面临着以娱乐内容来迎合年轻用户心理需求的问题，其中也不乏一些低俗恶俗、违规违法的内容，加强短视频的监管刻不容缓。

2018 年以来，短视频行业平台进入整改期。2018 年 4 月 2 日，抖音正式上线风险提示系统，对站内有潜在风险、高难度动作的视频内容进行标注提示，防止用户盲目模仿。2018 年 4 月 3 日，快手表示将重整社区运行规则，将正确的价值观贯穿算法推荐的所有逻辑，承诺优先推荐个性化的、更符合用户兴趣的正能量作品等。2018 年 4 月 10 日，国家广播电视总局责令"今日头条"永久关停"内涵段子"客户端软件及公众号，并要求公司举一反三，全面清理类似视听节目产品。

2018 年 7 月，针对一些网络短视频格调低下、价值导向偏离和低俗恶搞、盗版侵权、"标题党"突出等问题，国家网信办会同工信部、公安部、文化和旅游部、广播电视总局、全国"扫黄打非"办公室五部门，开展网络短视频行业集中整治，依法处置了一批违法违规网络短视频平台，约谈 16 款短视频 APP 责任人，12 款短视频 APP 被下架。2018 年 9 月 14 日，针对重点短视频平台企业在"剑网 2018"专项整治中的自查自纠情况和存在的突出版权问题，国家版权局约谈了 15 家重点短视频平台企业。随着对行业乱象的监管不断加强，网络综合治理体系逐步健全，2018 年成为短视频行业规范发展的重要转折点。

2019 年 1 月初，中国网络视听节目服务协会发布《网络短视频平台管理规范》及《网络短视频内容审核标准细则》。两份文件从机构把关和内容审核两个层面为规范短视频传播秩序提供了依据。《网络短视频平台管理规范》对平台应遵守的总体规范、账户管理、内容管理和技术管理规范提出了 20 条建设性要求；《网络短视频内容审核标准细则》面向短视频平台一线审核人员，针对短视频领域的突出问题，提供了 100 条操作性审核标准。《网络短视频平台管理规范》及《网络短视频内容审核标准细则》的发布必将有助于进一步规范短视频传播秩序。

五、短视频的社会影响

（一）短视频逐渐改变网络舆论生态格局

短视频成为社会化自媒体生产重要形式，改变了舆论生态。2014 年以来，《冰桶挑战》《小苹果》《挖掘机技术哪家强》等短视频使短视频社交成为流行现象。山东招远"5·28"涉邪教故意杀人案、"3·01"昆明火车站严重暴恐案等都出现了短视频形式的传播，造成一定社会影响。

短视频也成为网络举报和舆论监督的重要手段。这两年来，监督类的视频话题不少，2016 年如家和颐酒店女子被拖拽视频引发轩然大波；2016 年 11 月，梨视频上一条 6 分钟的视频《实拍常熟童工产业：被榨尽的青春》引发关注；2017 年，海底捞事件、小龙坎火锅等也曾被短视频曝光。

有视频有真相，视频监控也进入网络公共视野。对社会热点进行新闻采访、自制访谈类、评论性节目成为短视频又一来源。如 2011 年"7·23"甬温线特别重大铁路交通事故中乘客自救及现场救援情况，都在网络上成为独立信源。广东小悦悦事件、河南驻马店女子车祸视频引起社会道德反思。雷政富案、上海法官集体招嫖案等多起案件中均出现以视频为证据的监督举报行为，各地逐渐有一些效仿的案例，引发网络反腐话题。但也有一些虚假视频因混淆视听而被辟谣，严重的因触犯法律法规被查处。

"无人机+短视频"成为突发事件中常见的报道形式。在一系列网络热点事件中，2015 年天津港"8·12"特别重大火灾爆炸事故，人民网通过无人机拍摄的短视频画面实现了突发事件的快速报道。无人机突破了传统新闻视频拍摄的空间、物理短板，在四川"8·8"九寨沟地震灾害、南方雨灾和四川茂县山体垮塌等突发事件中大显身手。

短视频在热点舆情传播链条中成为关键一环。2015 年 5 月，黑龙江庆安火车站暴力袭警事件发生后，中央电视台公布现场监控录像，是舆论逆转和消退的重要原因。2017 年 8 月，陕西榆林孕妇跳楼事件，其下跪视频引发关注。之后，上海携程亲子园事件和北京红黄蓝幼儿园事件均出现监控视频的调取，受到舆论追问。2018 年，江苏昆山砍人案中的监控视频更是引发公众对正当防卫的热议。

（二）主流媒体加强短视频融合创新

"移动先行""视频先行"等成为打造新型主流媒体的新方式。例如，《人民日报》在 2017 年全国两会期间开通"人民直播"，人民网每天直播长达八九个小时，广受好评。主流媒体话语方式发生转变，网上流行的"社会主义有点潮""马克思是个 90 后"等短视频收获广泛好评。近年，新媒体爆款作品往往正能量、趣味性、互动性必不可少。《人民日报》推出的手指舞《中国很赞》激发年轻人积极互动，具有亲和力和时尚感。

短视频的兴起为多元传播和城市文化宣传提供了新方法。各地主流媒体也纷纷试水短视频和直播应用，成为新时代构建多元立体媒体融合传播格局的有益探索。同时，不少短视频平台融合了不同类型媒体的特长与优势，调动网民广泛参与，有利于构建立体传播体系。2017 年以来，不少短视频平台推出扶贫内容。此外，"跟着抖音玩西安""游敦煌""逛正定""游山东"等，在文旅领域引发反响，通过挖掘这些城市的特色，用短视频打造"网红"城市，收获了大量关注，不少网民更不远千里要实地体验一番。

(三)政务新媒体加快构建短视频传播矩阵

短视频随时分享的特点为政务信息传播开辟了新路径。短视频政务号的发展激发了很多部门在政务信息传播内容制作上的热情,优秀作品频出,获得网民喜爱,传播双方在双向互动的过程中增强认同感,提升了影响力和机构形象。

大量媒体也将短视频平台作为扩大自身影响力、弘扬正能量、营造清朗网络空间的重要阵地。很多记录生活中点滴真情、温馨感人事件的短视频,在获得网民认可的同时,也增加了媒体自身的公信力,助推媒体融合发展。

政务新媒体运用短视频可以解读相关政策、开展主题宣传、展示自身形象、传播服务信息、普及专业知识。2018 年 9 月 14 日,公安部网络安全保卫局联合抖音,举办"全国网警巡查执法抖音号矩阵入驻仪式",全国省级、地市级公安机关 170 家网警单位集体入驻抖音,搭建全国网警短视频平台工作矩阵。

随着越来越多政务号入驻短视频,各地政务号通报案情、展示文物、宣传旅游景点,还屡出"爆款"。此外,短视频在应急和执法中也有采用,如北京双井桥一男子殴打他人事件源于视频,北京警方用视频快速回应,实现"网来网去"。2018 年 6 月 26 日,"平安北京"入驻快手,发布日常训练和执行任务的短视频,成为现象级的传播案例。

目前,虚拟现实、增强现实以及大数据、人工智能等技术正飞速发展,人造沉浸式虚拟空间的传播方式将有可能改变整个视频行业。另外,5G 时代来临,基于移动媒体传播的中、长视频也将快速发展,视觉化传播的全盛时代已经来临。

附录 实训项目

注：以下六个实训项目分别对应本书六章内容。

实训一 非线性编辑软件基本操作

1. 目的要求

了解非线性编辑软件操作界面、窗口、各工具按钮的基本功能，掌握非线性编辑软件的基本使用方法，熟悉非线性编辑的一般流程。

2. 实训内容

①非线性编辑系统的工作原理和过程；

②非线性编辑系统工作窗口的功能和基本使用方法；

③编辑一个视频短片，熟悉编辑过程和视频格式转换方法。

3. 主要实训操作步骤与注意事项

本实训项目主要是通过对一个视频短片的编辑，熟悉非线性编辑的流程和基本操作方法，注意要在这一过程中培养学生的编辑意识，不能只注重操作。

实训二 摄像机基本操作

1. 目的要求

掌握摄像机各操作按钮的功能，正确使用和维护摄像机，能够拍摄一个完整的镜头段落。

2. 实训内容

①摄像机的按钮功能及其使用方法；

②练习各种构图方法；

③练习各种拍摄角度的拍摄方法；

④练习固定镜头、运动镜头拍摄；

⑤确定主题拍摄一个短片。

3. 主要实训操作步骤与注意事项

本实训主要是摄像的基础练习，还可以通过拍摄一个短片来熟悉摄像机的操作方法，注意不能无意识拍摄，要定好主题、想好思路，拍摄并编辑一个完整的短片，培养初步的分镜头意识。

实训三 拉片与镜头组接

1. 目的要求

了解蒙太奇和长镜头理论；掌握拉片的方法，从中学习镜头组接的基本规律；在编辑时能准确设定镜头的入点和出点，掌握自然转场的方法，编辑表意清晰、画面流畅的视频段落。

2. 实训内容

①选择一部影片进行拉片练习；

②拍摄一组动作镜头，进行动作连贯组接练习；

③设计一个蒙太奇段落，拍摄并剪辑。

3. 主要实训操作步骤与注意事项

本实训主要让学生进行拉片和编辑练习，在镜头分与合中理解蒙太奇原理和镜头组接的规律，注意选择合适的拉片素材和编辑素材。

实训四 镜 头 调 度

1. 目的要求

掌握场面调度中的轴线规律，练习越轴的方法以及三角形机位设置方法，并能拍摄一个对话场景。

2. 实训内容

①练习轴线规律和合理越轴的拍摄方法；

②练习三角形机位设置方法拍摄二人对话；

③练习景深控制的方法；

④综合运用各种摄像技巧和编辑知识，创作分镜头稿本，并拍摄。

3. 主要实训操作步骤与注意事项

本实训主要通过分镜头创作与拍摄练习，掌握镜头调度的方法以及重要的拍摄技巧，要注意每个镜头的表现功能及在整个段落或全片中的作用。

实训五 非线性编辑特效

1. 目的要求

掌握非线性编辑中视频、字幕、音频等特技效果的制作方法，并能灵活运用。

2. 实训内容

①视频特效；

②字幕制作；

③音效制作；

④为前面实验中拍摄编辑完成的小短片加上必要的视频特效、字幕和音效。

3. 主要实训操作步骤与注意事项

本实验重点是视频特效和字幕制作，注意要将前期已经完成的短片进行完善，能够灵活恰当地运用视频特效、字幕和音效。

实训六　微电影创作

1. 目的要求

综合运用前期学习的视频拍摄与非线性编辑技术，写作分镜头稿本，拍摄主题明确、结构完整的微电影素材，并进行编辑，制作完整的微电影作品，输出视频文件，以备传播。

2. 实训内容

①撰写微电影分镜头稿本；

②以小组为单位，拍摄微电影素材；

③上载并整理素材；

④微电影画面编辑；

⑤画面特效和字幕制作；

⑥配音和音效制作；

⑦输出视频文件或刻录光盘。

3. 主要实训操作步骤与注意事项

本实验为该课程的综合性实验，微电影创作的各个环节都很重要，要注意微电影的主题特色和团队合作。

参 考 书 目

[1] [俄]C. M. 爱森斯坦：《蒙太奇论》，富澜译，北京：中国电影出版社 2003 年版。

[2] [法]安德列·巴赞：《电影是什么》，崔君衍译，南京：江苏教育出版社 2005 年版。

[3] [法]马赛尔·马尔丹：《电影语言》，何振淦译，北京：中国电影出版社 2006 年版。

[4] [法]让·米特里著：《电影美学与心理学》，崔君衍译，南京：江苏文艺出版社 2012 年版。

[5] [法]让·米特里：《电影符号学质疑：语言与电影》，方尔平译，长春：吉林出版集团有限责任公司 2012 年版。

[6] [加]安德烈·戈德罗、[法]弗朗索瓦·若斯特：《什么是电影叙事学》，刘云舟译，北京：商务印书馆 2005 年版。

[7] [美]托马斯·沙兹：《旧好莱坞·新好莱坞：仪式、艺术与工业》（修订版），周传基、周欢译，北京：北京大学出版社 2013 年版。

[8] [法]弗朗索瓦·特吕弗：《希区柯克与特吕弗对话录》（增订本），郑克鲁译，上海：上海人民出版社 2007 年版。

[9] [美]罗伯特·C. 艾伦、道格拉斯·戈梅里：《电影史：理论与实践》（插图修订版），李迅译，北京：世界图书出版公司 2010 年版。

[10] [美]大卫·波德维尔、克里斯汀·汤普森：《世界电影史》，范倍译，北京：北京大学出版社 2014 年版。

[11] 王利剑：《电视摄像技艺教程》，北京：中国广播电视出版社 2008 年版。

[12] [美]赫伯特·泽特尔：《摄像基础》，王宏、张晗、陈明译，北京：中国传媒大学出版社 2005 年版。

[13] [美]赫伯特·泽特尔：《视频基础》，雷慰真主译，贾明锐校译，北京：中国传媒大学出版社 2013 年版。

[14] 赵成德：《数字电视摄像技术》，上海：复旦大学出版社 2007 年版。

[15] 徐国兴：《摄影技术教程》，北京：中国人民大学出版社 2001 年版。

[16] 黄匡宇：《当代电视摄影制作教程》，上海：复旦大学出版社 2012 年版。

［17］焦道利：《电视摄像与画面编辑》，北京：国防工业出版社2013年版。

［18］梁晓涛、汪文斌：《网络视频》，武汉：武汉大学出版社2013年版。

［19］屈定琴：《影视赏析》，武汉：武汉大学出版社2013年版。

［20］肖冬杰：《视频编辑与后期制作》，北京：北京大学出版社2013年版。

［21］赵鸿章：《数字视频处理——非线性编辑与流式化》，北京：北京师范大学出版社2009年版。

［22］江永春：《数字音频与视频编辑技术》，北京：电子工业出版社2016年版。

［23］华夏微影文化传媒中心、国家广播电视总局发展研究中心编著：《中国微电影短视频发展报告2019》，北京：中国广播电视出版社2020年版。

［24］李宇宁：《微电影创作实录与教程》，北京：清华大学出版社2014年版。

［25］黎力：《微电影理论与创作》，上海：三联书店2018年版。

［26］李宇宁：《微电影导演创作实录与教程》，北京：清华大学出版社2019年版。

［27］［美］尼古拉·尼葛洛庞帝：《数字化生存》，胡泳、范海燕译，海口：海南出版社1997年版。